城市污水处理回用
关键技术与示范推广

周振民　著

河南科学技术出版社

·郑州·

内容提要

本书是一部研究城市污水处理回用关键技术与示范推广的专著。

全书采用交叉学科理论、边缘学科理论、技术设计和实用方法相结合的技术路线，参考了近年来国内外大量研究成果和室内外实验数据，系统研究了污水处理回用的理论基础及关键技术、我国中小城市污水处理回用的综合评价及调控措施、污水处理回用的管理制度与政策、污水处理回用工艺技术集成优化方案等有关的理论及技术方法。

本书主要内容包括：全国城市污水处理回用统计分析，城市污水处理回用数据库建设，中小城市污水处理回用综合评价与调控措施，城市污水处理回用工艺技术集成及其合理选择，城市污水处理回用管理制度与政策，全国城市污水处理回用发展规划，典型城市污水处理回用技术集成示范等。

本书可作为从事城市污水处理回用技术研究和区域水利规划、城市规划、城市建设、生态建筑、水利经济工作者的参考书，对于从事污水处理回用管理部门的领导和决策者具有很好的参考价值，也可作为大专院校有关专业本科生和研究生的参考教材。

图书在版编目（CIP）数据

城市污水处理回用关键技术与示范推广/周振民著.—郑州：河南科学技术出版社，2015.1（2023.2重印）

ISBN 978-7-5349-7613-1

Ⅰ.①城…　Ⅱ.①周…　Ⅲ.①城市污水处理–废水回收利用–研究–中国　Ⅳ.①X703

中国版本图书馆 CIP 数据核字（2015）第 005655 号

出版发行：河南科学技术出版社

地址：郑州市经五路 66 号　　邮编：450002

电话：（0371）65788624

网址：www.hnstp.cn

策划编辑：王向阳

责任编辑：王向阳

责任校对：丁秀荣

封面设计：张　伟

责任印制：张艳芳

印　　刷：永清县晔盛亚胶印有限公司

经　　销：全国新华书店

幅面尺寸：185 mm×260 mm　　印张：10.5　　字数：260 千字

版　　次：2015 年 1 月第 1 版　　2023 年 2 月第 2 次印刷

定　　价：58.00 元

前　言

20世纪50年代以来，全球人口急剧增长，工业发展迅速。全球水资源状况迅速恶化，"水危机"日趋严重。一方面，人类对水资源的需求以惊人的速度在扩大；另一方面，日益严重的水污染蚕食着大量可供消费的水资源。

中国水资源人均占有量少，空间分布不平衡。随着中国城市化、工业化的加速，水资源的需求缺口也日益增大。在这样的背景下，污水处理行业成为新兴行业，目前与自来水生产、供水、排水、中水回用行业处于同等重要地位。

截至2010年底，我国设市城市和县城的污水排放总量已达到450.8亿t。其中，657座城市污水排放总量为378.7亿t，1 633座县城污水排放总量为72.1亿t。2010年全国城镇污水处理厂年处理污水量达318亿t。

2007年，中国水污染治理投资达到3 387.6亿元，比上年增加32%，占当年GDP的1.36%。中国水环境质量总体保持稳定。2007年，共取缔一级水源保护区内排污口942个，停建二级水源保护区内可能造成污染的建设项目1 294个，限期治理931个。

截至2008年10月，全国设市城市、县及部分重点建制镇共建成污水处理厂1 459座，日处理能力8 553万t，分别比"十五"末期增加60.5%和42.6%，全国城市污水处理率已由2005年的45%增加到2007年的57%；在建城镇污水处理项目1 033个，设计日处理能力约3 595万t。2008年1~10月，全国已投入运行的城镇污水处理厂累计处理污水达190亿t，运行负荷率达到76%，同比分别增长了21%和3%。

在国际金融危机的背景下，中国采取继续扩大内需、促进经济增长的政策，把环境保护放在突出的战略位置。2008年四季度新增的千亿元中央投资中，投向节能减排和生态建设的资金达120亿元；用于重点流域的水污染防治工程投资及用于城镇污水和垃圾处理设施、污水管网建设提速的资金高达60亿元，其中前者投资为10亿元，后者为50亿元。可以说，污水处理行业迎来空前的发展机遇。

2008年国务院印发的"三定"方案（定机构、定职能、定编制）明确赋予水利部"指导全国城市污水处理回用等非传统水资源开发工作"的职责。在新的发展阶段，水务工作的重点从推进水务管理体制改革向深化水务管理体制改革转变，从建立水务管理体制向创新水务运行机制和健全水务法规体系转变，同时加大对水务市场化改革的指导力度，致力于建立政府主导、社会筹资、市场运作、企业管理的水务良性运行机制。

未来几年内，全国城市供水普及率将达到 98.5%，新增城市供水能力 4 500 万 m³/d，所有设市城市都要建设污水处理设施，污水处理率将达到 60%以上，目前在建和准备建设的城市污水处理厂就在 1 000 个以上。为达到此目标，需要投入上万亿元资金，兴建大量供水设施、排水设施和污水处理设施及相应的管网系统，污水处理回用与管理的任务将更加艰巨。

因此，撰写本书的主要目的是为我国科研人员和大专院校学生提供一本系统的城市污水处理回用的参考书，从全国城市污水处理回用统计分析、数据库建设、综合评价、调控措施、工艺技术集成、政策制度、发展规划与示范等方面出发，创立城市污水处理回用可持续发展关键技术的理论方法，以水文水资源学、供排水理论、水政管理、系统分析决策理论、环境保护理论、城市污水处理回用，以及城市规划、生态建筑等为技术手段，研究城市污水处理回用可持续发展的关键技术。

全书包括以下主要内容：

（1）绪论。包括研究的目的、意义和主要内容。

（2）全国城市污水处理回用统计分析。包括调查统计范围和主要内容、调查统计与分析方法、调查成果合理性分析。

（3）城市污水处理回用数据库建设。包括建立全国污水处理数据库的意义、污水处理回用数据格式设计、数据库软件功能介绍。

（4）中小城市污水处理回用综合评价与调控措施。包括国内外中小城市污水处理回用现状、中小城市污水处理回用方案比较分析、中小城市污水处理回用技术综合评价方法、中小城市污水处理回用技术综合评价分析、中小城市污水处理回用调控技术措施研究。

（5）城市污水处理回用工艺技术集成及其合理选择。包括目标任务和工艺技术集成原则、步骤，国内外城市污水处理回用技术集成分析，我国污水处理回用单元技术剖析，城市污水处理回用工艺方案技术集成，城市污水处理回用工艺技术方案合理选择，城市污水处理回用工艺技术集成推广分析。

（6）城市污水处理回用管理制度与政策。包括了城市污水处理回用管理制度、再生水水价管理制度、城市污水处理回用设施建设"以奖代补"政策研究。

（7）全国城市污水处理回用发展规划。包括全国城镇污水处理回用规划情况、近期与中长期我国城市污水处理和再生水发展规划原则。

(8) 典型城市污水处理回用技术集成示范。示范省市包括北京市、内蒙古自治区、丹东市、温州市、安阳市、海南省、云南省、乌鲁木齐市。

各章根据核心内容，结合实例分析，供相关人员在学习和实践中参考。在本书撰写过程中，作者参考了近年来国内外在城市污水处理回用可持续发展关键技术的研究成果，结合本人所承担的研究课题，通过全国范围内系统调查和专题实验，积累了大量资料，为完成本书奠定了基础，可以说，本书的完成是作者十余年来在城市污水处理回用方面辛勤的累积。

华北水利水电大学的王学超、叶飞、梁士奎、周科和黄河水利职业技术学院的张晓丹老师参加了本书撰写工作。参加本书校对和资料整理工作的还有肖焕焕、徐争、刘海滢、刘俊秀、巴晓杰、管财、李延峰等。在本项目研究和本书的出版过程中，我们得到了河南省协同创新中心水资源高效利用与保障工程的大力支持，在此表示感谢。

城市污水处理回用可持续发展关键技术包含庞大复杂的多学科理论研究和大量生产实践调查资料，影响因素众多，研究难度大。本书的撰写，由于时间紧、任务重，书中可能存在不足之处，对于书中出现的疏忽遗漏甚是谬误，在今后的研究实践中会不断得到改进和完善。

作　者

2014 年 5 月

目　录

第1章　绪论 ··· (1)

第2章　全国城市污水处理回用统计分析 ························· (3)

2.1　调查统计范围 ·· (3)

2.2　主要内容 ·· (3)

2.3　调查统计与分析方法 ·· (4)

    2.3.1　全面调查 ·· (4)

    2.3.2　实地调查 ·· (4)

    2.3.3　统计分析方法 ·· (4)

2.4　调查成果合理性分析 ·· (5)

    2.4.1　城市（县城）供水、用水基本信息 ······················ (5)

    2.4.2　城市（县城）污水处理设施 ····························· (9)

    2.4.3　城市（县城）污水处理回用（再生水）设施 ·············· (10)

    2.4.4　城市（县城）再生水厂及管道投资情况 ·················· (15)

    2.4.5　城市（县城）居民小区、公共建筑污水处理回用情况 ······· (19)

    2.4.6　城市（县城）再生水价格及再生水水费征收情况 ·········· (20)

    2.4.7　城市（县城）再生水利用状况 ·························· (21)

    2.4.8　城市污水处理回用地方性法规、财政政策和定价机制 ······ (23)

第3章　城市污水处理回用数据库建设 ························· (24)

3.1　建立全国污水处理数据库的意义 ································ (24)

3.2　数据库的结构和内容 ·· (24)

    3.2.1　数据库的结构 ·· (24)

    3.2.2　数据库的内容 ·· (25)

3.3　污水处理回用数据格式设计 ···································· (26)

    3.3.1　数据库建立 ·· (27)

    3.3.2　数据控件属性 ·· (30)

    3.3.3　数据控件的事件 ·· (32)

    3.3.4　数据控件的常用方法 ···································· (33)

    3.3.5　记录集的属性与方法 ···································· (33)

3.4　数据库软件功能介绍 ·· (35)

1

   3.4.1 数据库记录的增、删、改操作 ················· (35)

   3.4.2 数据库功能 ····································· (39)

第4章 中小城市污水处理回用综合评价与调控措施 ··········· (41)

 4.1 国内外中小城市污水处理回用现状 ··················· (41)

   4.1.1 国外污水处理回用现状 ······················· (41)

   4.1.2 国内污水处理回用现状 ······················· (42)

   4.1.3 污水处理回用存在的问题 ····················· (43)

 4.2 中小城市污水处理回用方案比较分析 ··············· (45)

   4.2.1 国内中小城市污水处理回用厂状况调查 ········· (45)

   4.2.2 中小城市污水处理方案比较分析 ··············· (46)

 4.3 中小城市污水处理回用技术综合评价方法 ··········· (50)

   4.3.1 综合评价方法概述 ··························· (50)

   4.3.2 模糊积分理论基础 ··························· (51)

   4.3.3 模糊积分综合评价的程序和步骤 ··············· (52)

 4.4 中小城市污水处理回用技术优化选择评价指标体系研究 ··· (53)

   4.4.1 中小城镇污水处理回用技术选择评价指标分析 ··· (53)

   4.4.2 经济指标分析 ······························· (56)

   4.4.3 环境指标分析 ······························· (60)

   4.4.4 中小城镇污水处理技术评价指标体系的建立 ····· (61)

 4.5 中小城市污水处理回用技术综合评价分析 ··········· (61)

   4.5.1 基于模糊积分的中小城镇污水处理回用技术综合评价 ··· (61)

   4.5.2 小城镇污水处理技术综合评价分析 ············· (64)

 4.6 中小城市污水处理回用调控技术措施研究 ··········· (66)

   4.6.1 具有脱氮除磷功能的污水处理工艺仍是今后发展的重点 ······· (66)

   4.6.2 今后污水处理厂的首选工艺 ··················· (66)

   4.6.3 适用于中小城镇污水处理厂工艺 ··············· (66)

   4.6.4 产泥量少且污泥达到稳定的污水处理工艺 ······· (67)

   4.6.5 系统规划，统筹安排 ························· (67)

   4.6.6 现代先进技术与环保工程的有机结合 ··········· (67)

第5章 城市污水处理回用工艺技术集成及其合理选择 ········· (68)

 5.1 目标任务和工艺技术集成的原则、步骤 ············· (68)

   5.1.1 目标任务 ··································· (68)

   5.1.2 原则 ······································· (68)

   5.1.3 步骤 ······································· (68)

 5.2 国内外城市污水处理回用技术集成分析 ············· (69)

   5.2.1 典型城市的技术集成情况 ····················· (69)

   5.2.2 国内外技术集成特点分析 ····················· (70)

 5.3 我国污水处理回用单元技术剖析 ··················· (70)

    5.3.1 预处理技术 ……………………………………………………… (70)

    5.3.2 主体处理技术 …………………………………………………… (70)

    5.3.3 深度处理技术 …………………………………………………… (71)

  5.4 城市污水处理回用工艺方案技术集成 …………………………………… (71)

    5.4.1 按处理方法分类 ………………………………………………… (72)

    5.4.2 按不同进水水质的技术集成分类 ……………………………… (76)

    5.4.3 不同回用途径的工艺技术集成 ………………………………… (78)

    5.4.4 不同地域特点的工艺技术集成 ………………………………… (79)

  5.5 城市污水处理回用工艺技术方案合理选择 …………………………… (79)

    5.5.1 水源水质标准 …………………………………………………… (79)

    5.5.2 不同回用途径工艺技术方案选择 ……………………………… (79)

    5.5.3 考虑经济因素的工艺技术方案选择 …………………………… (82)

    5.5.4 污水处理工艺发展趋势 ………………………………………… (83)

  5.6 城市污水处理回用工艺技术集成推广分析 …………………………… (83)

    5.6.1 物理化学-生物技术 …………………………………………… (83)

    5.6.2 物理化学-膜技术 ……………………………………………… (83)

    5.6.3 生物-膜技术 …………………………………………………… (84)

    5.6.4 膜技术 …………………………………………………………… (84)

    5.6.5 工艺技术集成适用的对象分析 ………………………………… (84)

第6章 城市污水处理回用管理制度与政策 ………………………………… (86)

  6.1 城市污水处理回用管理制度 …………………………………………… (86)

    6.1.1 研究背景 ………………………………………………………… (86)

    6.1.2 我国城市污水再生回用管理制度现状分析 …………………… (87)

    6.1.3 我国典型城市污水处理回用管理制度建设成效 ……………… (90)

    6.1.4 我国城市污水处理回用管理制度存在的问题及原因 ………… (92)

    6.1.5 我国典型城市污水处理回用管理制度的需求分析 …………… (95)

    6.1.6 我国城市污水处理回用管理制度框架设计 …………………… (97)

  6.2 再生水水价管理制度 …………………………………………………… (99)

    6.2.1 研究背景 ………………………………………………………… (99)

    6.2.2 我国典型城市再生水价格现状 ………………………………… (100)

    6.2.3 我国城市合理的再生水定价机制研究 ………………………… (102)

    6.2.4 我国城市再生水价格财政补贴机制研究 ……………………… (106)

    6.2.5 政策建议 ………………………………………………………… (107)

  6.3 城市污水处理回用设施建设"以奖代补"政策研究 ………………… (108)

    6.3.1 政策的必要性与迫切性 ………………………………………… (108)

    6.3.2 政策的可行性 …………………………………………………… (108)

    6.3.3 政策的总体构想 ………………………………………………… (109)

    6.3.4 政策工具的主要内容 …………………………………………… (110)

6.3.5　政策建议 …………………………………………………… (111)

第7章　全国城市污水处理回用发展规划 ……………………………… (113)

7.1　全国城镇污水处理回用"十一五"规划情况……………………… (113)

7.1.1　"十一五"前期全国城镇污水处理回用状况与问题………… (113)

7.1.2　规划目标 ……………………………………………… (113)

7.1.3　重点任务 ……………………………………………… (114)

7.1.4　投资估算及资金筹措 ………………………………… (115)

7.2　近期与中长期我国城市污水处理和再生水发展规划原则 ………… (116)

7.3　全国城市污水处理回用发展规划概述 ……………………………… (117)

第8章　典型城市污水处理回用技术集成示范 …………………………… (119)

8.1　北京市 …………………………………………………………………… (119)

8.1.1　概况 …………………………………………………… (119)

8.1.2　城市污水处理设施 …………………………………… (120)

8.1.3　城市再生水利用设施及利用情况 …………………… (120)

8.1.4　城市再生水厂与再生水管道投资情况 ……………… (121)

8.1.5　北京城市居民小区、公共建筑再生水利用设施情况 … (121)

8.2　内蒙古自治区 ………………………………………………………… (122)

8.2.1　概况 …………………………………………………… (122)

8.2.2　城市污水处理设施 …………………………………… (123)

8.2.3　城市污水处理回用（再生水）设施建设 …………… (124)

8.2.4　城市再生水厂与再生水管道投资情况 ……………… (126)

8.2.5　再生水的管理、监督 ………………………………… (127)

8.2.6　污水处理及回用相关规划与规划指标 ……………… (127)

8.2.7　污水处理回用地方性法规 …………………………… (129)

8.2.8　城市污水处理回用财政政策与定价机制 …………… (129)

8.3　丹东市 …………………………………………………………………… (130)

8.3.1　概况 …………………………………………………… (130)

8.3.2　污水排放及污水处理厂投资和建设情况 …………… (130)

8.3.3　污水处理回用存在问题 ……………………………… (131)

8.3.4　城市污水处理回用工作建议 ………………………… (131)

8.4　温州市 …………………………………………………………………… (132)

8.4.1　概况 …………………………………………………… (132)

8.4.2　污水处理设施 ………………………………………… (132)

8.4.3　污水处理回用存在的问题 …………………………… (132)

8.5　安阳市 …………………………………………………………………… (133)

8.5.1　概况 …………………………………………………… (133)

8.5.2　城市污水处理设施 …………………………………… (134)

8.5.3　城市污水处理回用远期规划 ………………………… (135)

　　　8.5.4　城市污水处理回用存在的问题 ·················· (135)

　　　8.5.5　城市污水处理回用工作建议 ·················· (135)

　8.6　海南省 ······································· (136)

　　　8.6.1　海口市概况 ·························· (136)

　　　8.6.2　三亚市概况 ·························· (136)

　　　8.6.3　城市污水处理设施 ······················ (137)

　　　8.6.4　城市污水处理及回用相关规划与规划指标 ·········· (140)

　　　8.6.5　城市污水处理回用地方性法规 ················ (140)

　　　8.6.6　城市污水处理回用存在的问题 ················ (140)

　　　8.6.7　城市污水处理回用工作建议 ················· (141)

　8.7　云南省 ······································· (142)

　　　8.7.1　昆明市概况 ·························· (142)

　　　8.7.2　城市污水处理设施 ······················ (142)

　　　8.7.3　城市污水处理回用设施 ···················· (142)

　　　8.7.4　城市再生水厂与再生水管道投资情况 ············ (142)

　　　8.7.5　城市居民小区、公共建筑污水回用情况 ··········· (143)

　　　8.7.6　城市污水处理回用规划 ···················· (143)

　　　8.7.7　城市污水处理回用地方性法规 ················ (144)

　　　8.7.8　城市污水处理回用财政政策与定价机制 ·········· (145)

　　　8.7.9　城市污水处理回用存在的问题 ················ (146)

　　　8.7.10　城市污水处理回用工作建议 ················ (147)

　8.8　乌鲁木齐市 ····································· (148)

　　　8.8.1　概况 ····························· (148)

　　　8.8.2　城市污水处理设施 ······················ (148)

　　　8.8.3　城市污水处理回用（再生水）设施 ············· (149)

　　　8.8.4　城市居民小区、公共建筑污水处理回用情况 ········ (150)

　　　8.8.5　城市污水处理回用财政政策与定价机制 ·········· (150)

　　　8.8.6　城市污水处理回用存在的问题 ················ (151)

　　　8.8.7　城市污水处理回用工作建议 ················· (151)

　8.9　再生水利用的社会经济效益 ···················· (152)

参考文献 ·· (154)

第 1 章 绪 论

　　我国是一个水资源极度缺乏的国家，解决城市污水处理回用的问题始于 20 世纪 70 年代，自 20 世纪 80 年代以来，随着我国城市建设的快速发展，城市水污染问题日益突出，水资源紧缺的矛盾日益加剧，污水处理回用也逐渐被提上了日程。

　　基于水资源的重要性、我国水资源现状以及城市污水处理设施现状，国家在"十五"期间就提出要加强城镇污水处理设施的建设，提高城镇污水的处理能力和水平。城市污水处理与回用工程建设是我国城乡基础设施建设的重要组成部分，是我国控制水体污染、改善水环境的有效保障体系，是维护和促进国民经济发展、提高人们生活质量的重要基础设施之一。推进污水处理及再生水回用是建设节约型社会的重要措施，污水处理厂建设更是各地污染物减排目标完成的强有力的保障措施。而要建设好我国城乡污水处理和中水回用的基础设施，就必须首先全面了解我国污水处理和中水回用的现状，依据可靠的资料，开展科学严谨的规划，并严格按照规划进行建设。

　　在国家"十一五"规划中，水污染治理仍然是重中之重。在《国家环境保护"十一五"科技发展规划》中，重大流域水污染和区域大气污染控制科技需求被列为环境科技需求重点之一，更将"水污染防治"列为国家"十一五"科技发展中第一个重点发展领域与优先主题，其中包括了饮用水安全保障及关键支撑技术、流域（区域）水污染控制与工程示范，以及城市水环境质量改善与生态建设这三个分项。

　　当前与今后一个时期，流域性水污染是我国水环境的重大问题。"十一五"期间国务院确定淮河、辽河、海河和太湖、巢湖、滇池为水污染防治的重点流域，并编制了这些流域的水污染防治规划。近年来，重点流域水污染防治工作取得较大进展，淮河、太湖两大流域的重点工业污染源已经基本达标排放，主要污染物的排放量削减了约40%，水质污染得到初步控制。

　　但我国大部分湖泊和部分河流、近海水体仍然存在相当严重的富营养化问题。近年来，时有湖泊蓝藻、绿藻等的季节性暴发现象，滇池、巢湖等湖泊富营养化造成的蓝藻问题也依然存在，甚至湖泊水质达Ⅰ、Ⅱ类标准的千岛湖、洱海也每年暴发藻华。部分河流水域如汉江、珠江、葛洲坝水库等近年来也出现了水质富营养化。水质富营养化问题给生态环境造成严重危害，经济损失也十分惨重。

　　水体富营养化在我国已成为突出的环境问题。由于长期污染，造成水体中营养盐的背景浓度异常高，使水环境变得非常脆弱，外部条件的微小变化就会使水体营养状态发生急转，引起藻华频频暴发。在这种情况下，掌握全国城市污水处理回用状况及相关技术的应用成为水环境污染控制日益紧迫的重要课题。

根据中国环境保护远景目标纲要，2010 年全国设市城市和建制镇的污水平均处理率不低于 50%，设市城市的污水处理率不低于 60%，重点城市的污水处理率不低于 70%。按照国家环保总局颁布的《污水综合排放标准》（GB 8978—1996），为了满足出水排放标准，绝大多数城镇污水处理厂都必须采用二级生化处理或深度处理工艺技术。1998 年 1 月开始实施的《污水综合排放标准》，对城镇二级污水处理厂的排放水质不仅有更加明确和详细的规定，而且对其中几项指标的要求更加严格，除了原来的二级排放标准外，新增了更加严格的一级标准，磷酸盐和氨氮排放标准的适用范围扩大到所有排污单位，此外，还增加了色度、pH 值等 20 多个新项目。这不仅意味着新建污水处理厂所采用的工艺流程不但要具有很高的 SS、BOD_5、COD_{Cr} 去除能力，而且要具有去除营养物、色度和某些特殊有机物的能力，同时意味着许多现有污水处理厂将面临处理工艺的改造、运行方式的改变和出水水质的改善问题。因此，迫切需要通过对全国污水处理回用情况的了解，推广应用一批能满足新的排放要求、处理效果好、基建和运行费用低的污水处理新技术、新工艺和更新改造技术，解决城镇污水处理厂出水 BOD_5、COD_{Cr}、SS、色度和氮磷等污染物指标的达标排放问题，为新标准的全面推行以及保护有限的水资源创造先行条件。

毫无疑问，我国的城市污水处理回用行业具有很大的市场需求与产业发展前景，但同时存在严峻的资金短缺和技术设备国产化开发问题。由于污水处理厂建设和运行资金短缺，一大批规划中的污水处理厂迟迟不能上马，已经建设的污水处理厂也不能正常运行，预期的环境目标无法实现。对大部分地区而言，当前首要解决的不仅仅是治理深度的问题，更是治理与否的问题。

由此可见，要在 10 年内完成规划目标，提高城市污水处理率，除了开发适合我国国情、切实可行、高效低耗的城市污水处理技术、工艺与设备外，健全和完善城市污水处理综合性技术支持与服务体系，更新全国污水处理回用调查，依据调查资料制定合理可行的产业技术经济政策，制订不同时期的发展规划，对于尽快解决城市污水处理回用的发展、解决污水处理回用中存在的复杂问题，都是十分重要的。

因此，开展全国城市污水处理回用可持续发展关键技术研究及示范，要通过污水处理回用、再生水利用工程的建设规模、城市污水处理回用工艺方案优化选择、污水处理回用综合评价、城市污水处理回用发展规划研究等工作，用科学的方法进行分析研究，得到我国污水处理回用工作的集成性研究成果，并提出科学发展建议。研究成果对于我国城市污水处理回用设施的建设，经济、资源、环境的协调发展，以及社会经济效益和环境效益的可持续发展等，都具有重大而深远的意义——为区域污水处理回用布局规划寻求一种更加合理的途径和方法，为"十二五"期间及今后的污水处理回用工作提供借鉴和依据。

第2章 全国城市污水处理回用统计分析

2.1 调查统计范围

本书调查统计了全国 2010 年污水处理回用数据，范围涵盖了我国城市（县城）的相关数据。

2.2 主要内容

（1）城市（县城）概况：包括城市（县城）国内生产总值、城市人口、用水总量、工业用水量、城镇生活用水量等经济状况和水资源开发利用概况和供水设施基本情况。

（2）城市（县城）污水处理设施：包括污水处理厂个数、规模、处理能力、投资及来源、主要工艺等。

（3）城市（县城）污水处理回用（再生水）设施：包括再生水厂个数、位置、处理级别、处理能力、采用的相关标准，再生水使用用途、利用总量及价格等。

（4）城市（县城）再生水厂与再生水管道投资情况：包括再生水厂投资及来源，再生水管道长度、投资及来源、管理单位及运行维护费来源。

（5）城市（县城）居民小区、公共建筑污水处理回用情况：包括要求建设再生水设施的小区和公共建筑规模，规模以上小区和公共建筑个数，再生水设施、再生水利用量、管理单位、监管部门等。

（6）城市（县城）污水处理及回用相关规划与规划指标：包括规划污水处理回用设施数量、布局、处理能力、规划投资、排水管道和再生水管道建设等。

（7）城市（县城）污水处理回用地方性法规：包括污水处理回用（再生水利用）法规名称、发布时间、发布单位、主要内容。

（8）城市（县城）污水处理回用财政政策与定价机制：包括现行的有关城市污水处理回用的投融资机制。

（9）城市（县城）污水处理回用存在问题：包括规划、标准、建设资金、运行经费、监督管理、再生水利用、配套管道、再生水厂布局、再生水价格、法律法规、财政政策、激励机制等存在的问题。

（10）城市污水处理回用工作设想与建议：包括污水处理下一步工作安排、工作思路、解决存在问题的建议。

2.3 调查统计与分析方法

2.3.1 全面调查

通过全面调查全国各省（自治区、直辖市）概况、城市污水排放和处理设施、城市污水处理回用设施和回用途径、再生水设施资金来源、再生水资源费征收情况和价格机制、再生水法律法规现状和再生水规划指标等资料，统计 2010 年底全国城市污水处理回用数据，从而取得全面、真实的调查成果。

2.3.2 实地调查

实地研究方法是一种深入到研究对象的生活背景中，以参与观察和无结构访谈的方式收集资料，并通过这些资料的定性定量分析来理解和解释现象的研究方法。实地研究的基本特征是实地，主要方式是观察和访谈。

为了解污水处理和再生水管理部门对该项工作的真实想法并核实上报数据的真实性，水利部发展研究中心领导带队组织了实地调研工作。针对一些具有代表性的省市，分别选取了南方、北方、开展城市污水回用工作较好的地方、开展较晚的地方以及"大水务"实施和未实施的地方。实地调研中采用污水处理厂现场考察和座谈方式相结合的工作方法，取得了第一手污水处理回用资料，获得了大量反映真实情况的信息，一线工作人员反映了工作中遇到的实际困难，并提出了很多有益的工作建议和设想。在面上调查资料和实地调查的基础上，对调查统计资料做了全面的数据分析，并对其合理性进行严格、科学的审核，从而保证调查成果的科学性和真实可靠性。

2.3.3 统计分析方法

2.3.3.1 无干扰分析方法

无干扰分析方法是指在不直接观察研究对象的行为、不与研究对象直接沟通、不引起研究对象的反应、更不干扰其行为的一种方法。无干扰研究方法主要有以下 3 个特征：①研究者无法操纵和控制所研究的变量和对象；②研究之前无须假设，不存在先入之见；③不与研究对象直接接触。

本项调查主要采用了无干扰分析方法，对各地文本资料进行统计、分析，并与调查表格内容进行对比、核查，从而得出可靠结论。

2.3.3.2 数据统计分析方法

数据统计分析方法是利用所能收集到的统计数据进行分析的一种方法。本项调查数据来源包括各省（市、县）汇总统计表格中的资料和其他部门有关水务信息资料。将这些资料进行综合分析，通过数据核实，采取自上而下、自下而上往返核查的方法，得到城市污水处理回用真实的数据资料。具体来说，主要有以下统计分析方法：①以原始调查数据为基础，分项统计计算；②数据调查中误差统计分析；③对于调查数据的纠偏调整。

2.4　调查成果合理性分析

在数据统计分析的结果上，对调查成果进行了合理性分析。主要采用以下方法对成果进行分析：①单项成果检查；②纵向对比分析。对各项成果历年发展情况进行对比分析；③横向对比分析。对于同一指标各地区之间对比和同一地区不同指标间的相互关系进行分析；④同类成果对比分析。对于同一基准年的不同数据来源如建设部、城市水务年报、水资源公报、水利发展年报等进行了对比分析。

本书调查统计的内容与数据涵盖了 2010 年全国 31 个省（自治区、直辖市）城市污水处理回用的数据资料。

2.4.1　城市（县城）供水、用水基本信息

2.4.1.1　调查分区情况

为便于资料分析统计以及进行地区间对比，按照地理位置、社会经济、水文水资源条件、工业生产水平、污水处理回用工作现状等，将全国划分为 7 个区，分区情况如表 2-1 所示。

表 2-1　全国各省（自治区、直辖市）污水处理回用调查分区表

区号	分区名称	省（自治区、直辖市）
1	华北地区	北京市　天津市　河北省　内蒙古自治区　山西省　山东省
2	东北地区	辽宁省　黑龙江省　吉林省
3	华东地区	上海市　安徽省　浙江省　江苏省
4	华中地区	湖北省　河南省　湖南省　江西省
5	中南地区	广东省　福建省　海南省　广西壮族自治区
6	西南地区	重庆市　四川省　云南省　贵州省　西藏自治区
7	西北地区	陕西省　新疆维吾尔自治区　甘肃省　宁夏回族自治区　青海省

2.4.1.2　主要成果

2010 年，各分区开展污水处理回用城市供用水基本信息统计调查成果如表 2-2 所示。

统计表明，华东地区各项指标均居全国之首，工业用水量为 257.74 亿 m^3/a，与该地区的经济状况相符。由于不同工业用水中包含一部分直接从河流取水的用水量，这项用水量在自来水管网和自备水源中均未统计，因此，总供水量小于该地区总用水量是合理的。

表2-2 2010年全国污水处理回用城市供、用水情况调查统计

区号	城市人口（万人）	国内生产总值（万元）	年用水总量（万 m³）			年供水总量（万 m³）		
			城镇生活用水量	城镇工业用水量	小计	自来水管网供水	自备水源供水	小计
1	10 572	478 581 932	528 108	601 813	1 129 923	668 610	396 475	1 065 085
2	4 647	192 527 690	236 884	432 923	669 807	415 720	334 831	750 551
3	10 460	588 400 105	600 262	2 577 447	3 177 710	1 078 051	1 540 346	2 618 397
4	6 965	242 033 145	425 613	815 893	1 241 507	396 910	421 861	818 771
5	9 935	229 573 740	668 422	612 775	1 281 196	906 882	315 634	1 222 516
6	5 093	95 465 513	270 588	309 379	579 967	321 524	218 809	540 332
7	3 834	75 622 463	219 917	229 215	449 132	224 834	161 796	386 629
全国	51 506	1 902 204 588	2 949 794	5 579 445	8 529 242	4 012 531	3 389 752	7 402 281

2.4.1.3 调查成果分析

1. 城市人口和国内生产总值概况

本书调查统计的成果涵盖了全国31个省（自治区、直辖市）的资料。截至2010年底，城市人口共计5.15亿人，比2007年的4.23亿人增加了0.92亿人；2010年全国城市国内生产总值约190 000亿元，比2007年的180 000亿元增加了10 000亿元。

2. 城市供水概况

表2-3统计结果表明，截至2010年底，全国城镇总供水量（不包括直接取用的地表水）740.2亿 m³，比2007的683.0亿 m³多了57亿 m³。全国城镇总供水量中，自来水管网供水量401.3亿 m³，占总供水量的54%；自备水源年供水总量339.0亿 m³，占总供水量的46%。全国城市自来水管网和自备水源供水比例如图2-1和图2-2所示。

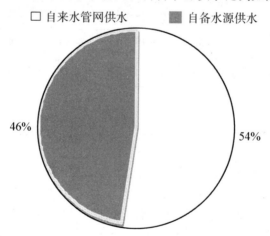

□ 自来水管网供水　　　■ 自备水源供水

图2-1 2010年全国自来水管网和自备水源供水比例

由图2-2可见，自备水源供水量超过50%的省（自治区、直辖市）为重庆、河北、

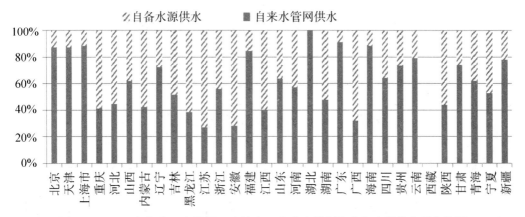

图2-2　2010年各省（自治区、直辖市）自来水管网和自备水源供水所占比例

内蒙古、黑龙江、江苏、安徽、江西、湖南、广西和陕西。

城市污水处理回用最大的生态环境效益就是减少地表优质水源的一次性使用及地下水的开采，尤其是后者，将有利于缓解地下水位下降和地面下沉，保护生态环境。例如，在实地调研时了解到，河北省廊坊市没有任何地表水源，自来水管网供水完全来自地下水源，形成了地下水位下降甚至地面下沉的隐患。对于自备水源供水量较高的省市，要基于优水优用的原则，加大污水处理回用的力度，减少地表水一次性供水和地下水采水量，改善生态环境，保护地下水资源，达到当地水资源可持续发展的目的。

3. 城市用水概况

据调查统计，2010年全国城镇总用水量852.9亿 m^3/a，比2007年的753.0亿 m^3/a 相比，多了近100亿 m^3/a。全国城镇总用水量中，城镇生活用水量295.0亿 m^3/a，占35%；城镇工业年用水量557.9亿 m^3/a，占65%。用水比例结构如图2-3所示。

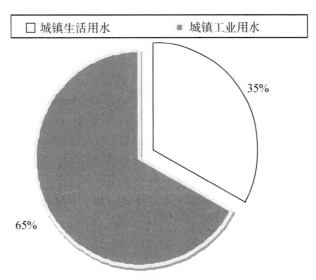

图2-3　2010年我国城镇生活用水和工业用水比例

统计结果表明，全国总体上城镇生活用水量约为工业用水量的一半，但在各个地区分布极为不平衡。各省（自治区、直辖市）用水结构比例如图2-4所示。

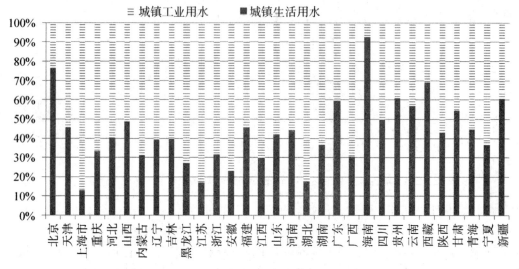

图2-4　2010年各省（自治区、直辖市）城镇生活用水和工业用水比例

图2-4表明，城镇生活用水和工业用水比例的差异十分明显，生活用水比例高于工业用水的省（自治区、直辖市）有北京、广东、海南、贵州、云南、西藏、甘肃和新疆，既包括经济十分发达的北京和广东，也包括经济发展相对落后的贵州、云南、西藏和甘肃。基于环境保护要求，北京大量工业生产转移到外省，如首钢大规模迁移至河北的唐山，而且，北京作为全国的政治、经济和文化活动中心，其主要GDP来源于贸易和第三产业，因此，工业用水较少，而城市人口生活用水比例较高。但北京人均水资源仅为300 m³/a，水资源供需缺口较大，这直接关系到首都人民的生活质量水平。而广东人均水资源为1 686 m³/a，工业用水比例仅为40%，供水主要用于生活用水，而基于优水优用的原则，广东对水质的要求较高，目前主要呈水质型缺水，其动力在于加大污水处理深度，改善环境水质。

由统计结果可知，云、贵、甘、藏本身经济发展水平较低，从而导致生活用水比例相对较高。在水资源丰富的西藏、贵州和云南，基本不存在水资源短缺的问题，西藏人均水资源量19 104 m³/a，而且截至2010年底尚未开展污水处理回用工作，城市污水处理回用对于工业用水意义不大，因此，不具备开展城市污水处理回用的内在动力。而对于甘肃来说，水资源相当缺乏，有限的优质水源用于生活用水，而将城市污水深度处理后回用于工业、农业、生态上，具有一定的经济、环境和生态效益。

4. 供水、用水分析

根据统计结果，全国各省（直辖市、自治区）供、用水情况分析如图2-5所示。

图2-5结果表明，统计资料中各省（直辖市、自治区）供、用水并不平衡，全国总体上供水量略小于用水量，这主要是因为统计的自来水供水量和自备水源供水，均不包括地表水取水工程直接取水的那部分水量。

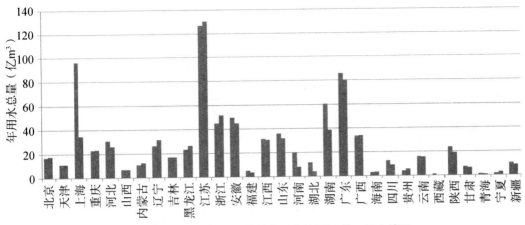

图 2-5　2010 年各省（直辖市、自治区）供、用水情况

2.4.2　城市（县城）污水处理设施

各分区城市污水处理设施调查结果如表 2-3 所示。

表 2-3　2010 年全国各分区污水处理设施统计

区号	污水排放总量 （万 m³/a）	污水处理能力 （万 m³/d）	污水处理总量 （万 m³/a）	污水处理厂 （座）	污水处理率 （%）	排水管道长度 （km）
1	1 003 425	2 731.2	621 507	665	61.9	61 478
2	314 302	861.1	168 250	110	53.5	10 499
3	1 124 208	3 229.8	781 112	587	69.5	58 214
4	577 795	1 583	357 676	302	61.9	22 770
5	595 989	1 585.5	446 334	231	74.9	32 000
6	284 025	778.1	203 938	193	71.8	14 842
7	356 293	976.1	153 543	181	43.1	27 168
全国	4 256 037	11 744.8	2 732 360	2 269	64.2	226 971

表 2-3 统计结果表明，污水排放量较大的地区依次为华东、华北和中南，分别为 112 亿 m³/a、100 亿 m³/a 和 59 亿 m³/a，污水处理总量相应为 78 亿 m³/a、62 亿 m³/a 和 45 亿 m³/a，污水处理率分别为 69.5 %、61.9% 和 74.9%。

调查统计结果表明，2010 年底全国污水处理厂 2 269 座，比 2007 年的 1 413 座相比，两年间增加了 856 座。2010 年全国城市污水排放总量 425.6 亿 m³/a，比 2007 年增加了 83.6 亿 m³/a；排水管道长度 22.7 万 km，比 2007 年增加了 6.2 万 km；污水处理能力 1.17 亿 m³/d，比 2007 年增加了 0.35 亿 m³/d。污水处理总量 273.2 亿 m³/a，比 2007 年增加了 78.2 亿 m³/a；城市污水处理率为 64.2%，比 2007 年提高了 7.14 个百分点。

依据统计结果分析，各省（自治区、直辖市）污水处理率对比情况如图 2-6 所示。

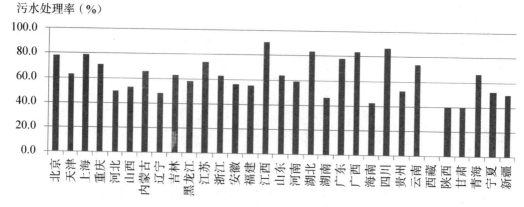

图2-6 2010年各省（自治区、直辖市）污水处理率

由图2-6可见，除西藏外其他各省（自治区、直辖市）均开展了城市污水处理工作，其中污水处理率超过60%的省（自治区、直辖市）有北京、天津、上海、重庆、内蒙古、吉林、江苏、江西、山东、湖北、广西、四川、云南和青海。

江西省污水处理率居全国之首，达到91.2%，四川省其次，达到86.8%，截至2010年底，全国只有西藏尚未开展污水处理工作。根据全国城市污水处理回用调查大纲要求，调查了全国2010年城市污水处理厂情况。全国省（自治区、直辖市）的污水处理厂出水设计执行标准如表2-4所示。

表2-4 2010年全国污水处理厂出水水质执行标准情况

污水处理厂数（座）	污水处理厂出水水质执行标准						
	GB 18918—2002	GB 8978—1976	GB 8978—1988	GB 8978—1996	CECS 61-94	DB	其他
2 269	1 476	4	1	240	1	46	501

统计结果表明，至2010年底，全国共有城市污水处理厂2 269座，比2007年增加了856座，就处理工艺而言，新增加的污水处理厂采用氧化沟工艺的污水处理厂有333座，采用SBR工艺的有139座，采用A2O（厌氧-缺氧-好氧法）工艺的有111座，采用A/O（生物除磷）工艺和活性污泥工艺的分别有99座和93座，其他采用的工艺有BAF（曝气生物滤池）等。

在全国2 269座污水处理厂中，1 476座城市污水处理厂执行《城镇污水处理厂污染物排放标准》（GB 18918—2002），240座执行《污水综合排放标准》（GB 8978—1996），46座执行地方标准。另外，一些污水处理厂出水水质执行《再生水水质标准》（SL 368—2006）、《农田水利灌溉标准》和《城市污水回用设计规范》中的《景观用水标准》（CECS 61-94）。

2.4.3 城市（县城）污水处理回用（再生水）设施

2.4.3.1 回用用途及设施统计结果

截至2010年底，全国各分区城市污水处理回用量及再生水设施情况统计结果如表

2-5 所示。

表 2-5　2010 年全国各分区城市污水处理回用量及再生水设施情况

区号	污水处理回用量（万 m³/a）						再生水管道长度（km）	再生水厂	
	合计	地下水回灌	工业	农林牧业	城市非饮用	景观环境		数量（座）	生产能力（万 m³/d）
1	133 924	973	37 811	44 551	7 783	42 806	3 620	171	762.9
2	33 122	0	17 163	10	766	15 183	112	55	347.2
3	18 688	0	10 166	1 890	638	5 994	324	21	73.9
4	24 061	562	9 101	2 925	1 330	10 143	601	35	531.7
5	33 822	0	1 290	1 799	1 485	29 248	117	13	114.5
6	14 055	70	551	1 901	126	11 407	156	11	14.5
7	25 258	237	8 105	11 703	646	4 567	591	37	122.3
全国	282 930	1 842	84 187	64 779	12 774	119 348	5 521	343	1 967

表 2-5 统计结果表明，在污水处理回用工作中，各地区回用重点不同。开展地下水回灌的地区主要为华北地区，主要是地下水开采严重地区或沿海地区；工业回用量较大的地区为华北和西北地区，主要为工业用水量较大或严重缺水地区。

2010 年全国污水处理回用总量 28.29 亿 m³/a，比 2007 年增加回用量 11.1 亿 m³/a。全国污水处理回用总量占全国城市污水排放总量的 6.65%，占城市污水处理总量的 10.35%。其中回用于地下水回灌 0.18 亿 m³/a，工业 8.42 亿 m³/a，农林牧业 6.48 亿 m³/a，城市非饮用 1.28 亿 m³/a，景观环境 11.93 亿 m³/a。至 2010 年底，全国再生水厂 343 座，比 2007 年的 127 座增加了 216 座；再生水管道 5 521 km，比 2007 年的 1 422 km 增加了 4 099 km；再生水生产能力共计 1 967 万 m³/d，比 2007 年的 348 万 m³/d 增加了 1 619 万 m³/d。统计结果显示，如湖南、上海、广西壮族自治区虽然没有再生水厂，但却有较大的污水处理回用总量。许多污水处理厂设计出水排放标准符合甚至优于再生水标准中对于景观用水和农林牧业等用水水质标准，无须经再生水厂处理，出水直接排入景观河道，并由下游农林牧业等用水户直接无偿取用。这种使用途径并不违背开展城市污水处理回用工作的目的，理当归于再生水利用总量中，只是由于污水处理厂出水水质并不总能够完全符合设计标准，与来水水质和污水处理厂运行状况密切相关，因此需要完善监督管理工作，相关部门要对污水处理厂出水水质进行严格监管，保证水质达标。

由调查统计结果可得全国城市污水处理回用主要用途情况，分析结果如图 2-7 所示。

图 2-7 结果表明，目前污水回用主要用于城市景观用水、工业用水和农林牧业用水，用于城市非饮用水和地下水回灌的量较少。城市非饮用水在使用时，对季节的依赖性较强，如雨水充沛的夏季和无需绿化用水的冬季，用水量都很低，同时需要相应

单位：万m³/a

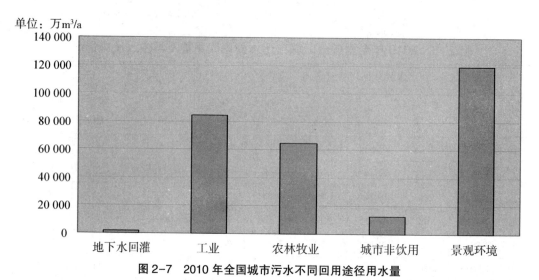

图 2-7　2010 年全国城市污水不同回用途径用水量

的再生水管网及输送设施，而表 4-5 统计结果显示，至 2010 年底，全国再生水管道总长为 5 521 km，较 2007 年有较大提升，有利于再生水的开发利用。目前国内对于再生水用于地下水回灌的安全性研究开展较少，对于长期生态安全没有明确结论，因此大多数城市对此项回用工作态度比较严谨，所以地下水回灌量很少，2010 年，全国只有山东、河南、内蒙古、山西、江西、湖北、湖南、四川和陕西等十个省（自治区、直辖市）开展了再生水回用于地下水灌溉工作，但回用量都很少。

根据统计资料，分析各省（自治区、直辖市）城市污水处理回用量和再生水生产能力及其对比，结果如图 2-8 所示。

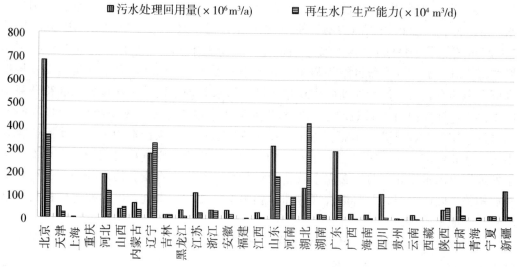

图 2-8　2010 年各省（自治区、直辖市）城市污水处理回用量和再生水生产能力

图 2-8 结果表明，2010 年，全国城市污水处理回用量较大的省（自治区、直辖市）有北京、河北、辽宁、江苏、山东、湖北、广东、四川和新疆，年城市污水

处理回用量均大于 1.0 亿 m^3/a，而再生水生产能力较高的省（自治区、直辖市）依次为湖北、北京、辽宁、山东、河北和广东，日再生水生产能力均大于 100 万元 m^3/d。

上述结果表明，各地城市污水处理回用水量和再生水厂生产能力并不完全对应，如上海，再生水厂生产能力为 0，但污水处理回用量为 400 万 m^3/a。调查统计过程中，各地对城市污水处理回用的定义理解不统一，导致污水处理回用量和再生水生产能力并没有严格的对应关系。如前分析，一些地方认为，只要污水处理后水质符合相应的用水标准，均计入回用水量中，而一些地方严格按照再生水厂出水为再生水的定义来统计再生水量。调查结果表明，和污水处理厂处理级别类似，大部分地方部门理解为再生水水质执行标准。

结果表明，截至 2010 年底，全国共有再生水厂 343 座，其中 92 座再生水厂执行《城镇污水处理厂污染物排放标准》（GB 18918—2002），114 座执行《再生水水质标准》（SL 368—2006），60 座执行《城市污水再生利用–工业用水水质》（GB/T 19923—2005），1 座执行《污水综合排放标准》（GB 8978—1996），其余再生水厂执行其他 7 种行业标准和地方标准。再生水厂的工作由于开展较晚，而且管理部门较多，用途也较为复杂，因此在设计时执行标准多种多样，为便于监督管理，有待于进一步规范。

2.4.3.2　再生水厂主要处理工艺调查

采用何种污水处理回用技术，与当地水源和污水处理回用目标有关，即回用水的水质应符合何种水质标准。从水源上来说，可以分为集中处理与分散处理相结合，从水质上来说，主要为常规污水处理工艺的强化、组合及高效、低能耗处理技术的应用。

1. 集中式水源污水处理回用工艺

根据统计资料和实地调研，结果表明，对于以城市污水处理厂为水源的集中式处理，再生水厂为满足水质要求，主要针对污水中悬浮物、BOD_5 和致病性微生物等指标，采用了以下处理工艺。

（1）北京：

1）吴家村再生水厂：絮凝反应+均质过滤（普通砂滤池）+紫外线消毒+氯消毒或臭氧消毒。

2）清河再生水厂：自清洗过滤器+膜过滤（超滤膜）+消毒池（臭氧氧化或氯消毒）。

3）方庄再生水厂：加药（BS）絮凝+过滤+二氧化氯（光气）消毒。

4）酒仙桥再生水厂：臭氧+聚合氯化铝+进水进入管道混合器+加氯+机械加速澄清池+滤池+紫外消毒后，进入清水池。

（2）天津：混凝沉淀+微滤/超滤+部分反渗透（处理规模以混合后的水质满足电厂冷却水含盐量要求为准）+臭氧。

1）纪庄子再生水厂工业区处理工艺：（铝絮凝剂、液氯）反应沉淀池+普通快速滤池+氯消毒。

2）纪庄子再生水厂居民区处理工艺：（铝絮凝剂、液氯）反应沉淀池+CMF 装置+

臭氧尾气吸收池+臭氧接触池+液氯消毒池（处理成本 1.14 元/t，加上还贷和 5 104 t/d 的再生水产量而实际全年销售 352 104 t 后，成本为 7.2 元/t）。

3）咸阳路再生水厂：（铝絮凝剂、液氯）混凝沉淀池+CMF-S+部分反渗透+臭氧尾气吸收池+液氯消毒池。

4）北辰再生水厂：（铝絮凝剂、液氯）混凝沉淀池+微滤或超滤+臭氧尾气吸收池+臭氧接触池+液氯消毒池。

（3）河北：一般采用生物滤池（或称为曝气生物滤池）+二沉池+快速滤池（或纤维过滤器；效果不好）+消毒。

（4）新疆：红河州个旧市采用"ICEAS"工艺的污水处理厂出水经曝气生物滤池、纤维球过滤（过滤前投加 PAM，FeCl$_3$）及液氯消毒后制成再生水；处理成本 0.4 元/m^3。

（5）浙江：浙江奉化城区污水处理厂深度处理工艺采用"曝气生物滤池+D 型滤池+紫外线消毒渠"。

2. 分散式水源污水处理回用工艺

分散式水源，主要指城市居民小区和公共建筑的排水，调查结果表明，主要采用以下工艺处理分散式污水并回用。

（1）山西：

1）大同市四医院：污水站于 2003 年 8 月建成，并投入运行，设计处理能力为 240 m^3/d，实际处理能力为 170 m^3/d，管道长 1.5 km，处理标准达到《污水综合排放标准》一级标准，工艺采用生物接触氧化法，处理后的污水直接排入城市污水管网，监管单位为大同市环保局。

2）大同市三医院：污水站正在建设之中，设计处理能力 960 m^3/d，污水处理标准达到《城市污水综合排放标准》二级，工艺采用生物接触氧化工艺，2010 年 6 月投入运行。

3）金色水岸龙园：将小区内的生活污水收集后，采用 GTS 生态污水处理系统进行处理，日处理污水能力 600 m^3，管道长 0.5 km，处理后的污水用于小区绿地浇灌。

4）御馨花都：将小区内的生活污水收集后，采用生态过滤法进行处理，日处理污水 80 m^3，管道长 1 500 m，污水全年处理 7 个月，处理后用于小区绿地浇灌。

（2）河北：居民小区、公共建筑污水处理大多采用生态混凝土污水处理、污水经沉淀池处理等技术，处理后的污水用于冲厕、小区的绿化用水等，或直接排放进入市政公共管道，在流入河道、渠道，节约水资源的同时，也缓解了城市管网的压力。

（3）新疆：

1）工业高等专科学校：规模 600 m^3/d；工程投资 135.41 万元，采用化粪调节池、絮凝沉降、曝气分离、生物接触氧化、加压过滤五套串联处理设施，及"砂滤+活性炭吸附+加压过滤系统+二氧化氯消毒"工艺。

吐哈石油大厦，规模 500 m^3/d；工程投资 111.32 万元，采用新型高效低耗易于维护的气升循环分体式生物反应器（SLMBR）污水处理技术。

2）新疆大学：规模 2 000 m^3/d；工程投资 343.97 万元，采用"厌氧反应+二级生物接触氧化+混凝沉淀+活性炭吸附+一级精密过滤+二级精密过滤+二氧化氯消毒处理"工艺。

3）华美·怡和山庄居民小区：规模 500 m³/d；工程投资 124.01 万元，采用 ABS-1 高效生物反应技术。

4）新疆有色黄金建设公司小区：规模 400 m³/d；工程投资 118.86 万元，采用 ABS-1 高效生物反应技术。

2.4.4　城市（县城）再生水厂及管道投资情况

截至 2010 年底，各分区的再生水厂及管道投资情况如表 2-6 所示，其中全国各省（自治区、直辖市）再生水厂投资情况和融资渠道分别如图 2-9、图 2-10 和图 2-11 所示。

表 2-6　2010 年全国各分区再生水厂及管道投资情况

区号	再生水厂				再生水管道			
	总投资（万元）	地方财政投资（万元）	中央财政投资（万元）	其他投资（万元）	总投资（万元）	地方财政投资（万元）	中央财政投资（万元）	其他投资（万元）
1	450 159	177 587	51 414	221 157	177 906	114 997	2 762	60 146
2	124 315	15 314	42 390	66 611	4 378	1 168		3 210
3	18 067	10 680	5 259	2 128	12 676	8 529	3 269	878
4	38 529	4 015	15 281	19 233	1 734	347	1 387	
5	6 734			6 734				
6	2 217		484	1 733				
7	151 045	1 563	33 177	116 304	162 130	6 514	424	155 191
全国	791 066	209 159	148 005	433 900	358 824	131 555	7 842	219 425

表 2-6 统计结果表明，再生水厂中央投资最大的为华北、东北和西北地区，分别达到 5.14 亿元、4.24 亿元和 3.32 亿元，中南地区投资为零，表明了政策扶持倾向。地方政府投资最大的地区为华北地区，达到 17.76 亿元，中南、西南地区均为零。其他投资最大的地区为华北，达到 22.12 亿元，西南地区最少，为 0.17 亿元。

再生水管道中央投资最高的地区为华东地区，达到 0.33 亿元，地方财政投资最高地区也是华北地区，达到 11.50 亿元，其他投资最高地区为西北地区，达到 15.9 亿元。这表明对再生水厂配套设施最为重视的是西北地区。

统计结果表明，2010 年，再生水厂和管道投资共计 114.99 亿元，与 2007 年的 97.7 亿元增加了 17.29 亿元。2010 年的再生水厂和管道投资中，再生水厂投资 79.11 亿元，地方投资、中央投资和其他投资分别为 20.92 亿元、14.80 亿元和 43.39 亿元；再生管网共投资 35.88 亿元，地方投资、中央投资和其他投资分别为 13.16 亿元、0.78 亿元和 21.94 亿元。

依据统计结果，经分析各省（自治区、直辖市）再生水厂投资情况如图 2-9 所示。全国再生水厂总融资途径分析如图 2-10 所示。

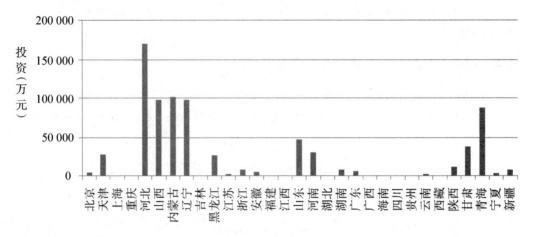

图 2-9　2010 年各省（自治区、直辖市）再生水厂总投资情况

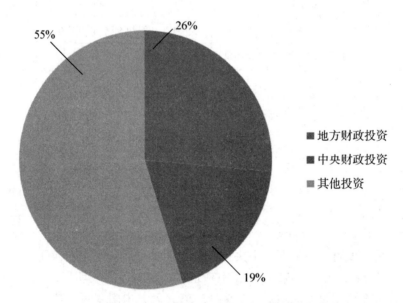

图 2-10　2010 年全国再生水厂投资比例分析

图 2-9 表明，至 2010 年底，我国再生水厂投资主要集中在淮河以北的各省（自治区、直辖市），主要原因是水资源的缺乏，具有开发再生水资源的内在动力。

图 2-10 结果表明，在全国再生水厂投资中，中央财政投资、地方财政投资和其他投资分别占总投资的 19%、26% 和 55%，主要投资来自于其他融资渠道，如贷款、企业自筹资金、利用外资、直接融资（包括发行股票、债券等）。根据在天津、唐山及内蒙古等地的实地调研结果可知，其他投资主要来自于用水企业自主投资和再生水生产集团公司的自筹资金和贷款等渠道。

对调查统计结果进行分析，各省（自治区、直辖市）的融资渠道比例如图 2-11

所示。

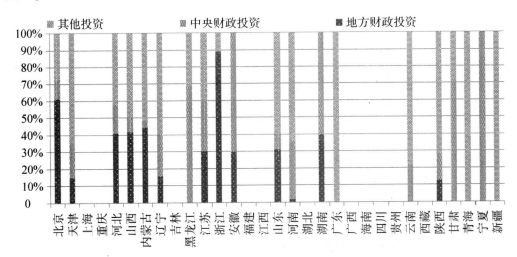

图 2-11　2010 年各省（自治区、直辖市）再生水厂投资比例分析

图 2-11 表明，不同省（自治区、直辖市）再生水厂的融资情况不尽相同。

再生水厂投资中，中央 14.80 亿元的投资基本集中在河北、辽宁、河南和甘肃四省，共有 8.98 亿元。

由统计资料分析各省（自治区、直辖市）在再生水管网方面投资情况如图 2-12 所示。

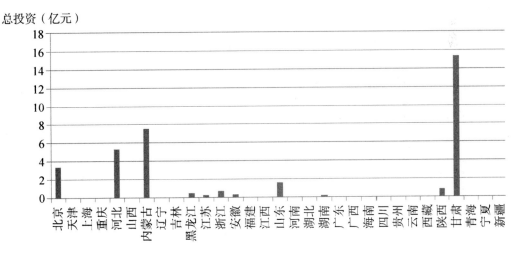

图 2-12　2010 年各省（自治区、直辖市）再生水管网总投资情况

图 2-12 表明，截至 2010 年底，全国共有 11 个省（自治区、直辖市）在再生水管网方面进行了投资，数目不足全国省（自治区、直辖市）总数的一半，而且投资主要集中在北京市、河北省、内蒙古自治区和甘肃省等地区，总投资达到了 31.6亿元，占全国再生水管网总投资的 88.0%，其他各省（自治区、直辖市）均低于2.0 亿元。

全国再生水管网融资途径分析如图 2-13 所示。

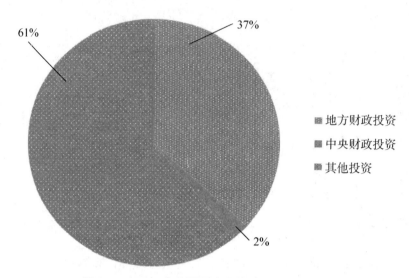

图 2-13　2010 年全国再生水管网投资比例分析

图 2-13 统计结果表明，截至 2010 年底，全国在再生水管网投资中，基本以其他投资和地方财政投资为主，分别占据了 61% 和 37%，中央财政投资仅为 2%。

各省（自治区、直辖市）的再生水管网投融资渠道分析结果如图 2-14 所示。

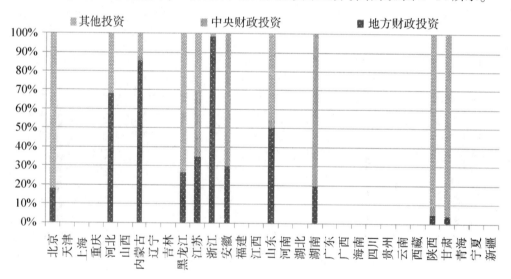

图 2-14　2010 年各省（自治区、直辖市）再生水管网投资比例分析

图 2-14 表明，各省（自治区、直辖市）的融资途径差别比较大。安徽、湖南以中央财政投资为主，超过 70%，其他为地方财政投资；陕西、甘肃几乎完全依靠其他投资方式建设再生水管网；河北省、内蒙古自治区和浙江省则主要依靠地方财政投资，并辅以少量的其他投资或中央财政投资。

2.4.5　城市（县城）居民小区、公共建筑污水处理回用情况

城市污水处理回用包括两种形式：分散式和集中式。随着城市的迅速发展，新建居民小区和公共建筑的污水处理回用成为集中式处理回用的一种重要补充形式，很多缺水城市，在城市建设规划中，明确规定了超过一定规模的居民小区或公共建筑，必须有配套的污水处理回用设施，现将调查结果汇总如下。

截至 2010 年底，全国各省（自治区、直辖市）城市居民小区、公共建筑污水处理回用情况调查结果如表 2-7 所示。

表 2-7　2010 年全国各分区城市居民小区与公共建筑污水处理回用情况

区号	居民小区污水处理回用量			公共建筑污水处理回用量			合计（万 m³/a）
	小区规模（万 m³）	规模以上小区个数	回用水量（万 m³/a）	公共建筑规模（万 m³）	规模以上公共建筑个数	回用水量（万 m³/a）	
1	3～324.51	74	964.1	1～78.9	37	2 170.7	3 134.8
2	1	0	7.2	2.3	1	197.0	204.2
3	222	2	4.0	79.4	2	59.4	63.4
4	12	13	693.3	0	0	1 675.1	2 368.4
5	44	14	287.3	11	2	19.7	307.0
6	5	96	674.0	0	0	0	674.0
7	2～5	13	365.4	3	15	1.2	366.6
全国	—	212	2 995.3	—	57	4 123.1	7 118.4

表 2-7 统计结果表明，截至 2010 年底，居民小区污水处理回用量 0.299 亿 m³/a，公共建筑污水处理回用量 0.412 亿 m³/a，合计 0.712 亿 m³/a。各省市污水处理回用情况如图 2-15 所示。

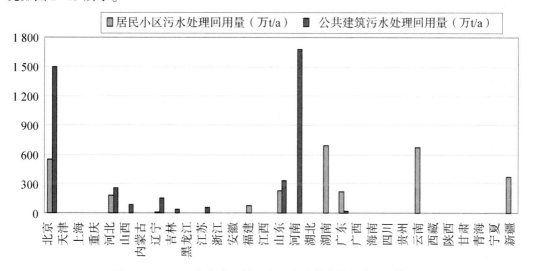

图 2-15　2010 年各省市居民小区和公共建筑污水回用情况

由图 2-15 可见，开展居民小区回用工作的省（直辖市、自治区）有北京、河北、福建、山东、湖南、广东、云南和新疆，其中湖南和云南省回用量最高，均达到每年 600 万 m^3 以上。而开展公共建筑污水回用工作的省（直辖市、自治区）有北京、河北、山西、辽宁、吉林、江苏、山东、河南等，其中北京、河南均达到每年 1 500 万 m^3 以上。

2.4.6 城市（县城）再生水价格及再生水水费征收情况

全国各省市（自治区、直辖市）有关再生水价格及再生水资源费征收情况上报信息统计结果如表 2-8 所示。

表 2-8 2010 年省（自治区、直辖市）再生水价格及再生水资源费征收统计

	再生水利用量（万 m^3/a）	再生水价格（元/m^3）					再生水费（万元/a）
		地下水回灌	工业	农林牧业	城市非饮用	景观环境	
全国	79 685	0.50~1.00	0.30~6.10	0.40~1.00	0.35~1.80	0.40~1.20	24 858

资料统计结果表明，截至 2010 年底，全国共有 16 个省（自治区、直辖市）对再生水资源费征收了费用或制定了价格，通过价格机制促进再生水利用工作的开展，减缓当地水资源供需矛盾。2010 年全国再生水利用量为 7.97 亿 m^3，征收再生水资源费为 2.49 亿元。

结合实地调研结果，全国各地再生水价格情况如下：

（1）北京工业用水在 1~1.79 元/m^3，其他均为 1.0 元/m^3。

（2）天津再生水实行阶梯价位：居民生活用水 1.1 元/m^3，电厂用水 1.5 元/m^3；工业、行政事业、经营服务用水 3.1 元/m^3，特种行业（洗车、建筑临时用水）用水 4.0 元/m^3，天津开发区工业再生水 5.5 元/m^3。

（3）山东用于地下水回灌的再生水 1 元/m^3，工业用再生水 0.5~1.2 元/m^3，农林牧业用再生水 0.5~1 元/m^3，城市非饮用再生水 0.6~1.2 元/m^3，景观用再生水 0.4~1 元/m^3。

（4）江苏省南通市再生水用于地下回灌价格 0.50 元/m^3，工业用再生水 6.10 元/m^3，沛县则暂未征收。

（5）广东深圳市污水处理回用于工业方面、城市非饮用方面和景观环境方面的再生水价格分别为 1.5 元/m^3、1.8 元/m^3 和 1.05 元/m^3。

（6）乌鲁木齐市定价工业再生水价格定为 0.4 元/m^3，农业再生水 0.1 元/m^3。

（7）甘肃张掖工业再生水 0.2 元/m^3。

综合看来，江苏省工业用再生水定价 6.10 元/m^3，为全国最高，其次天津开发区工业再生水定价 5.5 元/m^3，甘肃张掖工业再生水定价 0.2 元/m^3，为工业用水中最低，乌鲁木齐市农业再生水价格为 0.1 元/m^3，为全国再生水价格中最低，其他一般均在 0.5~1.8 元/m^3，城市景观用水一般为 0.4~1.0 元/m^3。

各省（自治区、直辖市）的再生水销售及再生水资源费征收情况如图 2-16 所示。

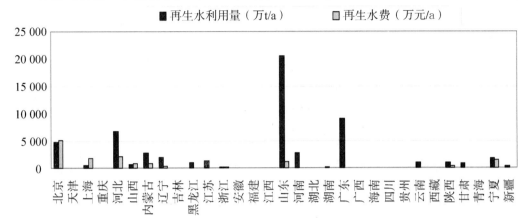

图 2-16　2010 年各省市（自治区、直辖市）的再生水销售及再生水资源费征收情况

图 2-16 统计结果显示，截至 2010 年底，开展再生水销售并有再生水资源费收入的省（自治区、直辖市）有北京、天津、河北、山西、内蒙古、辽宁、黑龙江、浙江、山东、河南、云南、陕西、甘肃、宁夏和新疆，但再生水量和销售收入比例差别比较大，这与再生水价格和政策有关，如天津平均价格为 3.2 元/m³，最低 1.1 元/m³，最高 5.5 元/m³，因此，再生水收入相对较高。河南省郑州市目前自来水价格为 2.4 元/m³，再生水价格为 0.75 元/m³，上报资料显示再生水量为 1.68×10⁷ m³/a，但并未征收再生水资源费；甘肃张掖市再生水价格为 0.2 元/m³，为全国工业回用水最低价。

2.4.7　城市（县城）再生水利用状况

2.4.7.1　城市污水回用总量

调查结果表明，截至 2010 年底，全国经过城市污水处理厂和再生水厂处理后的城市污水处理回用量 28.29 亿 m³/a，城市居民小区和公共建筑污水回用量 0.71 亿 m³/a，全国城市污水回用总量合计 29.00 亿 m³/a，经再生水厂生产征收水资源费的再生水量 7.97 亿 m³/a，四者之间的关系如图 2-17 所示。

图 2-17 结果表明，目前城市污水处理回用量主要由城市污水处理厂出水回用量和再生水厂出水回用量两部分组成，居民小区和公共建筑回用量占回用量的 2.45%。其中经再生水厂生产并销售的再生水资源量占总城市污水回用量的 28.17%。

2.4.7.2　全国城市污水处理回用途径分析

城市污水处理回用（再生水）用途统计结果如图 2-18 所示。

2010 年全国城市污水处理回用总量 28.29 亿 m³/a，占全国城市污水排放总量的 6.65%，占城市污水处理总量的 10.35%。其中回用于地下水回灌 0.18 亿 m³/a，工业 8.42 亿 m³/a，农林牧业 6.48 亿 m³/a，城市非饮用 1.28 亿 m³/a，景观环境 11.93 亿 m³/a。至 2010 年底，全国再生水厂 343 座，再生水管道 5 521 km，再生水生产能力共计 1 967 万 m³/d。

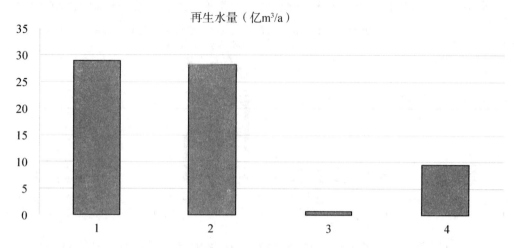

图 2-17　2010 年全国城市污水回用量情况

1、2、3、4 分别代表城市污水回用总量、经城市污水处理厂或再生水厂处理回用总量、居民小区和公共建筑污水回用总量、再生水厂生产征收水资源费的水资源量

　　图 2-18 结果表明，目前污水处理回用主要用于城市景观用水、工业用水和农林牧业用水，分别占回用量的 42.1%、29.8% 和 22.9%，用于城市非饮用水和地下水回灌的比例分别为 4.5% 和 0.7%。城市非饮用水在使用时对季节的依赖性较强，如雨水充沛的夏季和无需绿化用水的冬季，用水量都很低。目前国内对于再生水用于地下水回灌的安全性研究开展较少，对于长期生态安全没有明确结论，因此大多数城市对此项回用工作态度比较严谨，所以地下水回灌量很少。2010 年，全国只有山东、内蒙古、山西、河北、湖北、四川和甘肃七个省（自治区、直辖市）开展了再生水回用于地下水灌溉工作，但回用量都很少。

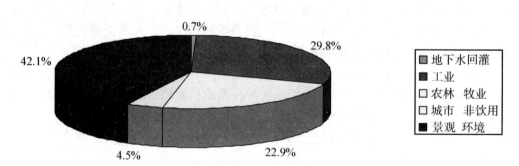

图 2-18　2010 年全国城市污水回用途径比例分析

　　许多污水处理厂出水设计出水排放标准符合甚至优于再生水标准中对于景观用水和农林牧副用水水质标准，无须经再生水厂处理，出水直接排入景观河道，并由下游农林牧副用水户直接无偿取用。而这种使用途径并不违背开展城市污水处理回用工作

的目的，理当归于再生水回用总量中，只是由于污水处理厂出水水质并不总能够完全符合设计标准，与来水水质和污水处理厂运行状况密切相关，因此需要完善监督管理工作，相关部门应对污水处理厂出水水质进行严格监管，保证水质符合再生水水质标准。

2.4.8　城市污水处理回用地方性法规、财政政策和定价机制

资料统计结果表明，全国共有 8 个省（自治区、直辖市）制定了有关城市污水回用方面的地方性法规 19 项，有 6 项是属于再生水价格方面的政策，北京、天津和深圳三市及河北省对再生水价格给出了较明确的定价机制。调查结果显示，基本没有一部省级的法律、法规来指导、约束再生水回用方面的问题，法制法规有待完善。

第3章　城市污水处理回用数据库建设

3.1　建立全国污水处理数据库的意义

城市污水处理回用数据库建设的任务是建立各省市污水处理回用信息数据库，包括城市污水处理回用基本信息、城市污水处理设施、城市污水处理回用（再生水）设施情况、城市再生水厂与再生水管道投资情况和城市居民小区与公共建筑污水处理回用情况等内容。

全国城市污水处理回用调查涉及很多报表和数据，为便于数据查询检索建立了污水处理回用数据库。该数据库的建立，大大提高了资料查询检索效率，为领导规划决策提供了便捷快速的服务。

3.2　数据库的结构和内容

3.2.1　数据库的结构

VB 数据库提供了基于 Microsoft Jet 数据库引擎的数据访问能力，Jet 引擎负责处理存储、检索、更新数据的结构，并提供了功能强大的面向对象的 DAO 编程接口。

VB 数据库应用程序包含三部分，如图 3-1 所示。

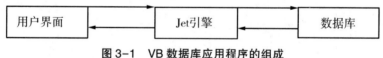

图 3-1　VB 数据库应用程序的组成

数据库引擎位于程序和物理数据库文件之间，这把用户与正在访问的特定数据库隔离开来，实现"透明"访问。不管这个数据库是本地的 VB 数据库，还是所支持的其他任何格式的数据库，所使用的数据访问对象和编程技术都是相同的。

（1）用户界面和应用程序代码：用户界面是用户所看见的用于交互的界面，它包括显示数据并允许用户查看或更新数据的窗体。驱动这些窗体的是应用程序的 VB 代码，包括用来请求数据库服务的数据访问对象和方法，比如添加或删除记录，或执行查询等。

（2）Jet 引擎：Jet 引擎被包含在一组动态链接库（DLL）文件中。在运行时，这些文件被链接到 VB 程序。它把应用程序的请求翻译成对 .mdb（Access 文件后缀）文件或其他数据库的物理操作。它真正读取、写入和修改数据库，并处理所有内部事务，如索引、锁定、安全性和引用完整性。它还包含一个查询处理器，接收并执行 SQL 查询，实现所需的数据操作。另外，它还包含一个结果处理器，用来管理查询所返回的结果。

（3）数据库：数据库是包含数据库表的一个或多个文件。对于本地 VB 或 Access 数据库来说，就是 .mdb 文件。对于 ISAM 数据库，它可能是包含 .dbf（dBASE 文件后缀）文件或其他扩展名的文件。或者，应用程序可能会访问保存在几个不同的数据库文件或格式中的数据。但无论在什么情况下，数据库本质上都是被动的，它包含数据但不对数据进行任何操作。数据操作是数据库引擎的任务。

数据库应用程序的这三个部分可以被分别放置在不同的位置上。可以把它们都放在一台计算机上，供单用户应用程序使用，也可以放置在通过网络连接起来的不同计算机上。例如，数据库可以驻留在中央服务器上，而用户界面（应用程序）则驻留在几个客户机上，让许多用户访问相同的数据。

数据库体系结构如图 3-2 所示。

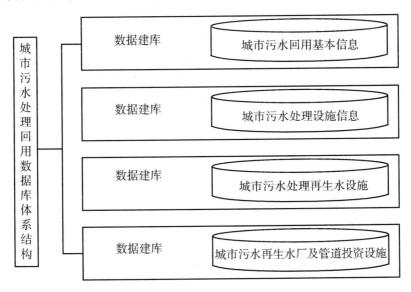

图 3-2　城市污水处理回用数据库体系结构

3.2.2　数据库的内容

城市污水处理回用数据库包括城市污水处理回用基本信息、城市污水处理设施、城市污水处理回用（再生水）设施情况、城市再生水厂与再生水管道投资情况、城市居民小区与公共建筑污水处理回用情况等内容。具体内容如下：

（1）城市污水处理回用基本信息数据：包括城市人口、国内生产总值、年工业用水量、年生活用水量、自来水供水量、自备水源供水量等。

（2）城市（县城）污水处理设施数据：包括污水处理厂个数、规模、处理能力、投资及来源等。

（3）城市污水处理回用（再生水）设施数据：包括再生水厂个数、处理能力、利用总量及价格等。

（4）城市再生水厂与再生水管道投资情况数据：包括再生水厂投资及来源、再生水管道长度、投资及来源等。

（5）城市（县城）居民小区、公共建筑污水处理回用情况数据：包括要求建设再生水设施的小区和公共建筑规模、规模以上小区和公共建筑个数、再生水利用量等。

3.3　污水处理回用数据格式设计

鉴于实际工程中数据量较大，且需对数据库进行添加、删除、分类查询、动态更新等操作，传统的 Excel 表格已不能满足需求，通过数据库控件（Data Control）处理的数据库类型里，最适合 Visual Basic 的就是 Access 类型的数据库，可以说 Visual Basic 的数据库和 Access 的数据库是完全相同的。如果使用的是 Jet database engine（也就是 Access 类型）的数据库，我们不必设置数据库控件的 Connect 属性，否则我们得设置 Connect 属性为所使用的数据库类型名。

因此软件采用 Access 2003 进行数据存储。Access 是微软公司推出的基于 Windows 的桌面关系数据库管理系统（RDBMS），是 Office 系列应用软件之一。它提供了表、查询、窗体、报表、页、宏、模块 7 种用来建立数据库系统的对象，提供了多种向导、生成器、模板，把数据存储、数据查询、界面设计、报表生成等操作规范化，为建立功能完善的数据库管理系统提供了方便，也使得普通用户不必编写代码就可以完成大部分数据管理的任务。

Access 2003 作为一个专业的数据库软件，完全支持标准 SQL 语言，在实现数据存储、数据调用、数据修改、数据查询等方面具有极大的优势，在实际工程中有极为广泛的应用。

在软件编写实际操作中，数据大多是以 Excel 表格的形式储存的，因此，首先需要将 Excel 表中的数据导入 Access 表中，导入方法非常简单，只需将 Excel 表中的数据复制到 Access 中即可。由于 Access 对数据格式的要求比较严格，所以在倒入过程中需要注意数据的格式，尤其是表头字段属性的设置，必要的话可选择手动设置，务必要做到数据准确、相互兼容，这是数据库建设成败的关键。

在 Visual Basic 中，可以通过属性、方法和事件来说明和衡量一个对象的特征。

事件（event）：事件是指发生在某一对象上的事情。事件又可分为鼠标事件和键盘事件。例如，在命令按钮（command button）这一对象上可能发生鼠标单击（click）、鼠标移动（mouse move）、鼠标按下（mouse down）等鼠标事件，也可能发生键盘按下（key down）等键盘事件。总之，事件指明了对象"什么情况下做"，常用于定义对象发生某种反映的时机和条件。

方法（method）：方法是用来控制对象的功能及操作的内部程序。例如，人具有说话、行走、学习、睡觉等功能，在 Visual Basic 中，对象所能提供的这些功能和操作，就称作"方法"。以窗体为例，它具有显示（show）或隐藏（hide）的方法。总之，方法指明了对象"能做什么？"，常用于定义对象的功能和操作。

　　属性（propery）：属性是指用于描述对象的名称、位置、颜色、字体等特征的一些指标。可以通过属性改变对象的特性。有些属性可以在设计时通过属性窗口来设置，不用编写任何代码；而有些属性则必须通过编写代码，在运行程序的同时进行设置。可以在运行时读取和设置取值的属性成为读写属性，只能读取的属性成为只读属性。总之，属性指明了对象"是什么样的"，常用于定义对象的外观。

3.3.1　数据库建立

　　软件以工程上普遍采用的 VB6.0 语言为开发语言，实现了对数据库的查询、添加、删除、修改等功能。Visual Basic 是一种可视化的、面向对象和采用事件驱动方式的结构化高级程序设计语言，可用于开发 Windows 环境下的各类应用程序。在 Visual Basic 环境下，利用事件驱动的编程机制、新颖易用的可视化设计工具，使用 Windows 内部的广泛应用程序接口（API）函数、动态链接库（DLL）、对象的链接与嵌入（OLE）、开放式数据连接（ODBC）等技术，可以高效、快速地开发 Windows 环境下功能强大、图形界面丰富的应用软件系统。

　　VB 中创建数据库的途径主要有：①可视化数据管理器：使用可视化数据管理器，不需要编程就可以创建 Jet 数据库；②DAO：使用 VB 的 DAO 部件可以通过编程的方法创建数据库；③Microsoft Access：因为 Microsoft Access 使用了与 VB 相同的数据库引擎和格式，所以，用 Microsoft Access 创建的数据库和直接在 VB 中创建的数据库是一样的；④数据库应用程序：像 FoxPro、dBase 或 ODBC 客户机/服务器应用程序这样的产品，可以作为外部数据库，VB 可通过 ISAM 或 ODBC 驱动程序来访问这些数据库。

3.3.1.1　可视化数据管理器

　　数据管理器（Data Manager）是 VB 的一个传统成员，它可以用于快速地建立数据库结构及数据库内容。VB 的数据管理器实际上是一个独立的可单独运行的应用程序 Vis Data.exe，它随安装过程放置在 VB 目录中，可以单独运行，也可以在 VB 开发环境中启动。凡是 VB 有关数据库的操作，比如数据库结构的建立、记录的添加及修改以及用 ODBC 连接到服务器端的数据库如 SQL Server，都可以利用此工具来完成。

　　1. 启动数据管理器

　　选择"外接程序"菜单下的"可视化数据管理器"项就可以启动数据管理器，打开"VisData"窗口。

　　2. 工具栏按钮

　　VisData 窗口的工具栏提供了三组共 9 个按钮，为了说明这些按钮所提供的功能，我们利用 VB 提供的一个例子——数据库 Biblio.mdb 来进行介绍。

　　Biblio.mdb 存放在 VB98 目录中，单击"文件"菜单中的"打开数据库"级联菜单的"Microsoft Access"项，即可在出现的对话框中看到 Biblio.mdb，选中并打开它，打开后的 VisData 窗口如图 3-3 所示。

　　我们可以看到，在这个 MDI 窗口内包含两个子窗口：数据库窗口和 SQL 语句窗口。数据库窗口显示了数据库的结构，包括表名、列名、索引，SQL 语句窗口可用于输入一些 SQL 命令，针对数据库中的表进行查询操作。

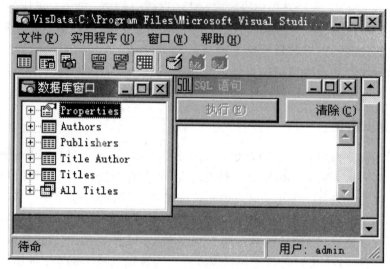

图 3-3　VisData 窗口

（1）类型群组按钮：工具栏的第一组按钮，它可以设置记录集的访问方式。具体为：

1）表类型记录集按钮（最左边的按钮）：当以这种方式打开数据库中的数据时，所进行的增、删、改、查等操作都是直接更新数据库中的数据。

2）动态集类型记录集按钮（中间的按钮）：使用这种方式是先将指定的数据打开并读入到内存中，当用户进行数据编辑操作时，不直接影响数据库中的数据。使用这种方式可以加快运行速度。

3）快照类型记录集（最右边的拉钮）：以这种类型显示的数据只能读不能修改，适用于只查询的情况。

（2）数据群组按钮：数据群组按钮是工具栏的中间一组按钮，用于指定数据表中数据的显示方式。先用鼠标在要显示风格的按钮上单击一下，然后选中某个要显示数据的数据表，单击鼠标右键，在弹出的菜单上选择"打开"，此表中的数据就以所要求的形式显示出来。

（3）事务方式群组按钮：工具栏的最后一组按钮用于进行事务处理。

3.3.1.2　具体实现

1. 建立数据库

对数据管理器的基本功能有了初步的认识后，我们看一下如何利用它来建立数据库。

（1）建立数据库结构：单击"文件"菜单中的"新建"命令，在"新建"级联菜单中选择"Microsoft Access"，再选择"版本 7.0 MDB"项，在"选择要创建的 Microsoft Access 数据库"窗口中选定新建数据库的路径并输入数据库名，这里为 student.mdb。

这样一个新的数据库就建立好了，下面就要在此数据库中添加数据表了。

（2）添加数据表：将鼠标移到数据库窗口区域内，单击鼠标右键，在弹出的菜单中选择"新建表"命令，出现"表结构"对话框，利用对话框我们可以建立数据表的结构。

我们首先建立基本情况表。在"表名称"中输入"基本情况"，然后添加基本情况表的字段，单击"添加字段"按钮，出现"添加字段"对话框，在此对话框中填入"省份"字段的信息。

按顺序输入"存储的项目"字段，然后按"关闭"按钮返回到"表结构"对话框中。

（3）建立索引：建立了表的结构后就可以建立此表的索引了，这样可以加快检索速度。单击"添加索引"按钮。在"名称"字段中输入索引的名称，然后从下边的"索引的字段"列表中选择作为索引的字段。

如果需要建立多个索引，则每完成一项索引后，单击"确定"按钮，然后继续下一个索引的设置。设置完毕后，单击"关闭"按钮返回到"表结构"对话框。

2. 录入数据

数据表结构建立好之后，就可以向表中输入数据了，数据管理器提供了简单的数据录入功能。

首先在工具栏上选定 DB Grid 显示风格的按钮，然后在要录入数据的数据表上单击鼠标右键，选择"打开"选项，则出现以网格风格显示数据的窗口，如果此表中已有数据，则此时会显示出此表中的全部数据；若此表中无数据，则会显示出一个空表。我们这里是以"基本情况"表为例，并且输入了部分数据后的情况。

3. 建立查询

数据表建立好之后，如果数据表中已经有数据，就可以对表中的数据进行有条件或无条件的查询。VB 的数据管理器提供了一个图形化的设置查询条件的窗口——查询生成器。选择"实用程序"菜单下的"查询生成器"，或在数据库窗口区域单击鼠标右键，然后在弹出的菜单中选择"新查询"，即可出现"查询生成器"对话框。

假设我们要查询省份为河南的城市基本情况，可按下述步骤进行：

（1）首先选择要进行查询的数据表，单击表列表框中的"基本情况"表。

（2）在"字段名称"字段中选定"基本情况．省份"。

（3）单击"运算符"列表，选择"＝"。

（4）单击"列出可能的值"按钮，在"值"字段中输入"郑州"。

（5）单击"将 And 加入条件"按钮，将条件加入"条件"列表框中。

（6）在"要显示的字段"列表框中，选定所需显示的字段。注意，这里所选的字段就是我们在查询结果中要看的字段。

（7）单击"运行"按钮，在随后出现的 Vis Data 对话框中，选择"否"，并进一步选择"运行"，即可看到查询结果。

（8）单击"显示"按钮，在随后出现的"SQL Query"窗口中，显示刚建立的查询所对应的 SQL 语句。

4. 数据控件

Data 控件是 Visual Basic 访问数据库的一种利器，它能够利用三种 Recordset 对象来访问数据库中的数据，数据控件提供有限的不需编程而能访问现存数据库的功能，允许将 Visual Basic 的窗体与数据库方便地进行连接。要利用数据控件返回数据库中记录的集合，应先在窗体上画出控件，再通过它的三个基本属性 Connect、Database Name 和 Record Source 设置要访问的数据资源。

软件整体流程如图 3-4 所示。

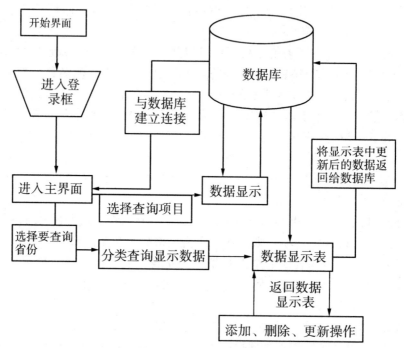

图 3-4 软件操作原理流程

3.3.2 数据控件属性

（1）Connect 属性：Connect 属性指定数据控件所要连接的数据库类型，Visual Basic 默认的数据库是 Access 的 MDB 文件，此外，也可连接 DBF、XLS、ODBC 等类型的数据库。

（2）Database Name 属性：Database Name 属性指定具体使用的数据库文件名，包括所有的路径名。如果连接的是单表数据库，则 Database Name 属性应设置为数据库文件所在的子目录名，而具体文件名放在 Decord Source 属性中。

（3）Record Source 属性：Record Source 确定具体可访问的数据，这些数据构成记录集对象 Recordset。该属性值可以是数据库中的单个表名，一个存储查询，也可以是使用 SQL 查询语言的一个查询字符串。

（4）Record Type 属性：Record Type 属性确定记录集类型。

（5）Eof Action 和 Bof Action 属性：当记录指针指向 Recordset 对象的开始（第一个记录前）或结束（最后一个记录后）时，数据控件的 Eof Action 和 Bof Action 属性的设置或返回值决定了数据控件要采取的操作。

表 3-1　Eof Action 和 Bof Action 属性

属性	取值	操作
Bof Action	0	控件重定位到第一个记录
	1	移过记录集开始位，定位到一个无效记录，触发数据控件对第一个记录的无效事件 Validate
Eof Action	0	控件重定位到最后一个记录
	1	移过记录集结束位，定位到一个无效记录，触发数据控件对最后一个记录的无效事件 Validate
	2	向记录集加入新的空记录，可以对新记录进行编辑，移动记录指针，新记录写入数据库

在 Visual Basic 中，数据控件本身不能直接显示记录集中的数据，必须通过能与它绑定的控件来实现，可与数据控件绑定的控件对象有文本框、标签、图像框、图形框、列表框、组合框、复选框、网格、DB 列表框、DB 组合框、DB 网格和 OLE 容器等控件。要使绑定控件能被数据库约束，必须在设计或运行时对这些控件的两个属性进行设置：①Data Source 属性：Data Source 属性通过指定一个有效的数据控件连接到一个数据库上。

Data Field 属性：Data Field 属性设置数据库有效的字段与绑定控件建立联系。绑定控件、数据控件和数据库三者的关系如图 3-5 所示。

图 3-5　绑定控件、数据控件和数据库三者的关系

当上述控件与数据控件绑定后，Visual Basic 将当前记录的字段值赋给控件。如果修改了绑定控件内的数据，只要移动记录指针，修改后的数据会自动写入数据库。数据控件在装入数据库时，它把记录集的第一个记录作为当前记录。当数据控件的 Bof Action 属性值设置为 2 时，当记录指针移过记录集结束位，数据控件会自动向记录集加入新的空记录。

用可视化数据管理器建立以上设计的数据库及其表，表中数据可自行录入。

基本情况表包含了 6 个字段，故需要用 6 个绑定控件与之对应。这里用一个图形框显示照片和 5 个文本框显示学号、姓名等数据。本例中不需要编写任何代码，具体操作步骤如下：①在窗体上放置 1 个数据控件，一个图形框、5 个文本框和 5 个标签控件。5 个标签控件分别给出相关的提示说明；②将数据控件 Data1 的 Connect 属性指定为 Access 类型，Database Name 属性连接数据库 Student. mdb，Record Source 属性设置为"基本情况"表；③图形框和 5 个文本框控件 Text1～Text5 的 Data Source 属性都设置成Data1。通过单击这些绑定控件的 Data Field 属性上的"…"按钮，将下拉出基本情况表所含的全部字段，分别选择与其对应的字段照片、学号、姓名、性别、专业和出生年月，使之建立约束关系。

使用数据控件对象的 4 个箭头按钮可遍历整个记录集中的记录。单击最左边的按钮显示第 1 条记录；单击其旁边的按钮显示上一条记录；单击最右边的按钮显示最后一条记录；单击其旁边的按钮显示下一条记录。数据控件除了可以浏览 Recordset 对象中的记录外，同时还可以编辑数据。如果改变了某个字段的值，只要移动记录，所做的改变就存入数据库中。

Visual Basic 6.0 提供了几个比较复杂的网格控件，几乎不用编写代码就可以实现多条记录数据显示。当把数据网格控件的 Data Source 属性设置为一个 Data 控件时，网格控件会被自动地填充，并且其列标题会用 Data 控件的记录集里的数据自动地设置。

3.3.3 数据控件的事件

3.3.3.1 Reposition 事件

Reposition 事件发生在一条记录成为当前记录后，只要改变记录集的指针使其从一条记录移到另一条记录，会产生 Reposition 事件。通常，可以在这个事件中显示当前指针的位置。例如，在例 9.2 的 Data1_ Reposition 事件中加入如下代码：

```
Private Sub Data1_Reposition( )
    Data1. Caption = Data1. Recordset. AbsolutePosition+1
End Sub
```

这里，Recordset 为记录集对象，AbsolutePosition 属性指示当前指针值（从 0 开始）。当单击数据控件对象上的箭头按钮时，数据控件的标题区会显示记录的序号。

3.3.3.2 Validate 事件

当要移动记录指针、修改与删除记录前或卸载含有数据控件的窗体时都触发 Validate 事件。Validate 事件检查被数据控件绑定的控件内的数据是否发生变化。它通过 Save 参数（True 或 False）判断是否有数据发生变化，Action 参数判断哪一种操作触发了 Validate 事件。参数可为表 3-2 中的值。

表 3-2　Validate 事件的 Action 参数

Action 值	描述	Action 值	描述
0	取消对数据控件的操作	6	Update
1	Move First	7	Delete
2	Move Previous	8	Find
3	Move Next	9	设置 Bookmark
4	Move Last	10	Close
5	Add New	11	卸载窗体

一般可用 Validate 事件来检查数据的有效性。如果不允许用户在数据浏览时清空性别数据，可使用下列代码：

```
Private Sub Data1_Validate( Action As Integer,Save As Integer)
```

```
    If Save And Len(Trim(Text3)) = 0 Then
        Action = 0
        Msg Box " 性别不能为空!"
    End If
End Sub
```

此代码检查被数据控件绑定的控件 Text3 内的数据是否被清空。如果 Text3 内的数据发生变化，则 Save 参数返回 True，若性别对应的文本框 Text3 被置空，则通过 Action = 0 取消对数据控件的操作。

3.3.4　数据控件的常用方法

数据控件的内置功能很多，可以在代码中用数据控件的方法访问这些属性。

3.3.4.1　Refresh 方法

如果在设计状态没有为打开数据库控件的有关属性全部赋值，或当 RecordSource 在运行时被改变后，必须使用数据控件的 Refresh 方法激活这些变化。在多用户环境下，当其他用户同时访问同一数据库和表时，Refresh 方法将使各用户对数据库的操作有效。

例如：将设计参数改用代码实现，使所连接数据库所在的文件夹可随程序而变化：

```
Private Sub Form_Load( )
    Dim mpath As String
    Mpath = App. Path        获取当前路径
    If Right(mpath,1)<>"/" Then mpath = mpath+"/"
    Data1. DatabaseName = mpath+" Student. mdb"        连接数据库
    Data1. RecordSource = " 基本情况"        构成记录集对象
    Data1. Refresh                激活数据控件
End Sub
```

3.3.4.2　Update Controls 方法

Update Controls 方法可以将数据从数据库中重新读到被数据控件绑定的控件内。因而我们可使用 Update Controls 方法终止用户对绑定控件内数据的修改。

例如：将代码 Data1. Update Controls 放在一个命令按钮的 Click 事件中，就可以实现对记录修改的功能。

3.3.4.3　Update Record 方法

当对绑定控件内的数据修改后，数据控件需要移动记录集的指针才能保存修改。如果使用 Update Record 方法，可强制数据控件将绑定控件内的数据写入到数据库中，而不再触发 Validate 事件。在代码中可以用该方法来确认修改。

3.3.5　记录集的属性与方法

由 Record Source 确定的具体可访问的数据构成的记录集 Recordset 也是一个对象，因此，它和其他对象一样具有属性和方法。下面列出记录集常用的属性和方法。

3.3.5.1　Absolute Position 属性

Absolute Position 返回当前指针值，如果是第 1 条记录，其值为 0，该属性为只读属性。

3.3.5.2 Bof 和 Eof 的属性

Bof 判定记录指针是否在首记录之前，若 Bof 为 True，则当前位置位于记录集的第 1 条记录之前。与此类似，Eof 判定记录指针是否在末记录之后。

3.3.5.3 Bookmark 属性

Bookmark 属性的值采用字符串类型，用于设置或返回当前指针的标签。在程序中可以使用 Bookmark 属性重定位记录集的指针，但不能使用 AbsolutePosition 属性。

3.3.5.4 Nomatch 属性

在记录集中进行查找时，如果找到相匹配的记录，则 Recordset 的 NoMatch 属性为 False，否则为 True。该属性常与 Bookmark 属性一起使用。

3.3.5.5 Record Count 属性

Record Count 属性对 Recordset 对象中的记录计数，该属性为只读属性。在多用户环境下，Record Count 属性值可能不准确，为了获得准确值，在读取 Record Count 属性值之前，可使用 Move Last 方法将记录指针移至最后一条记录上。

3.3.5.6 Move 方法

使用 Move 方法可代替对数据控件对象的 4 个箭头按钮的操作遍历整个记录集。5 种 Move 方法是：

（1）Move First 方法：移至第 1 条记录。

（2）Move Last 方法：移至最后一条记录。

（3）Move Next 方法：移至下一条记录。

（4）Move Previous 方法：移至上一条记录。

（5）Move ［n］方法：向前或向后移 n 条记录，n 为指定的数值。

代码如下：

```
Private Sub Command1_Click( )
Data1. Recordset. Move First
End Sub
```

命令按钮 Command4_ Click 事件移至最后一条记录，代码如下：

```
Private Sub Command4_Click( )
    Data1. Recordset. Move Last
End Sub
```

另外两个按钮的代码需要考虑 Recordset 对象的边界的首尾，如果越界，则用 Move First 方法定位到第 1 条记录或用 Move Last 方法定位到最后一条记录。程序代码如下：

```
Private Sub Command2_Click( )
Data1. Recordset. MovePrevious
    If Data1. Recordset. BOF Then Data1. Recordset. Move First
End Sub
Private Sub Command3_Click( )
Data1. Recordset. Move Next
```

If Data1. Recordset. EOF Then Data1. Recordset. Move Last

End Sub

3.3.5.7　Find 方法

使用 Find 方法可在指定的 Dynaset 或 Snapshot 类型的 Recordset 对象中查找与指定条件相符的一条记录，并使之成为当前记录。4 种 Find 方法是：

（1）Find First 方法：从记录集的开始查找满足条件的第 1 条记录。

（2）Find Last 方法：从记录集的尾部向前查找满足条件的第 1 条记录。

（3）Find Next 方法：从当前记录开始查找满足条件的下一条记录。

（4）Find Previous 方法：从当前记录开始查找满足条件的上一条记录。

4 种 Find 方法的语法格式相同：

数据集合 . Find 方法条件

搜索条件是一个指定字段与常量关系的字符串表达式。在构造表达式时，除了用普通的关系运算外，还可以用 Like 运算符。

需要指出的是，Find 方法在找不到相匹配的记录时，当前记录保持在查找的始发处，NoMatch 属性为 True。如果 Find 方法找到相匹配的记录，则记录定位到该记录，Recordset 的 NoMatch 属性为 False。

3.3.5.8　Seek 方法

使用 Seek 方法必须打开表的索引，它在 Table 表中查找与指定索引规则相符的第 1 条记录，并使之成为当前记录。其语法格式为：

数据表对象 . seek comparison,key1,key2…

Seek 允许接受多个参数，第 1 个是比较运算符 comparison，Seek 方法中可用的比较运算符有 = 、>= 、>、<>、<、<=等。

在使用 Seek 方法定位记录时，必须通过 Index 属性设置索引。若在记录集中多次使用同样的 Seek 方法（参数相同），那么找到的总是同一条记录。

例如：假设数据库 Student 内基本情况表的索引字段为学号，满足学号字段值大于等于 110001 的第 1 条记录可使用以下程序代码：

Data1. RecordsetType = 0　　　　　　设置记录集类型为 Table

Data1. RecordSource = " 基本情况"　　　打开基本情况表单

Data1. Refresh

Data1. Recordset. Index = " jbqk _ no "　　　打开名称为 jbqk _ no 的索引

Data1. Recordset. Seek" >=" ,"110001"

3.4　数据库软件功能介绍

3.4.1　数据库记录的增、删、改操作

Data 控件是浏览表格并编辑表格的好工具，但怎么输入新信息或删除现有记录呢？这需要编写几行代码，否则无法在 Data 控件上完成数据输入。数据库记录的增、删、改操作需要使用 Add New、Delete、Edit、Update 和 Refresh 方法。它们的语法格式为：

数据控件. 记录集. 方法名。

3.4.1.1 增加记录

Add New 方法在记录集中增加新记录。增加记录的步骤为：

（1）调用 Add New 方法。

（2）给各字段赋值。给字段赋值格式为：Recordset. Fields("字段名")=值。

（3）调用 Update 方法，确定所做的添加，将缓冲区内的数据写入数据库。

注意：如果使用 Add New 方法添加新的记录，但是没有使用 Update 方法而移动到其他记录，或者关闭记录集，那么所做的输入将全部丢失，而且没有任何警告。当调用 Update 方法写入记录后，记录指针自动返回到添加新记录前的位置上，而不显示新记录。为此，可在调用 Update 方法后，使用 Move Last 方法将记录指针再次移到新记录上。

3.4.1.2 删除记录

要从记录集中删除记录的操作分为三步：

（1）定位被删除的记录使之成为当前记录。

（2）调用 Delete 方法。

（3）移动记录指针。

注意：在使用 Delete 方法时，当前记录立即删除，不加任何的警告或者提示。删除一条记录后，被数据库所约束的绑定控件仍旧显示该记录的内容。因此，你必须移动记录指针刷新绑定控件，一般采用移至下一记录的处理方法。在移动记录指针后，应该检查 Eof 属性。

3.4.1.3 编辑记录

数据控件自动提供了修改现有记录的能力，当直接改变被数据库所约束的绑定控件的内容后，需单击数据控件对象的任一箭头按钮来改变当前记录，确定所做的修改，也可通过程序代码来修改记录，使用程序代码修改当前记录的步骤为：

（1）调用 Edit 方法。

（2）给各字段赋值。

（3）调用 Update 方法，确定所做的修改。

注意：如果要放弃对数据的所有修改，可用 Refresh 方法，重读数据库，没有调用 Update 方法，数据的修改没有写入数据库，所以这样的记录会在刷新记录集时丢失。

Command1_ Click 事件的功能根据按钮提示文字调用 AddNew 方法或 Update 方法，并且控制其他 4 个按钮的可用性。当按钮提示为"新增"时调用 AddNew 方法，并将提示文字改为"确认"，同时使"删除"按钮 Command2、"修改"按钮 Command3 和"查找"按钮 Command5 不可用，而使"放弃"按钮 Command4 可用。新增记录后，需再次单击 Command1 调用 Update 方法确认添加的记录，再将提示文字再改为"新增"，并使"删除""修改"和"查找"按钮可用，而使"放弃"按钮不可用。程序中出现的 On Error Resume Next 语句是 Visual Basic 提供的错误捕获语句。该语句表示在程序运行时发生错误，忽略错误行，继续执行下一语句。

Private Sub Command1_Click( )

```
On Error Resume Next
Command2. Enabled = Not Command2. Enabled
Command3. Enabled = Not Command3. Enabled        .
Command4. Enabled = Not Command4. Enabled
Command5. Enabled = Not Command5. Enabled
If Command1. Caption = "新增" Then
    Command1. Caption = "确认"
    Data1. Recordset. AddNew
    Text1. SetFocus
Else
    Command1. Caption = "新增"
    Data1. Recordset. Update
    Data1. Recordset. MoveLast
End If
End Sub
```

命令按钮 Command2_ Click 事件调用方法删除当前记录。当记录集中的记录全部被删除后，再执行 Move 语句将发生错误，这时由 On Error Resume Next 语句处理错误。

```
Private Sub Command2_Click( )
    On Error Resume Next
    Data1. Recordset. Delete
    Data1. Recordset. MoveNext
    If Data1. Recordset. EOF Then Data1. Recordset. MoveLast
End Sub
```

命令按钮 Command3_ Click 事件的编程思路与 Command1_ Click 事件类似，根据按钮提示文字调用 Edit 方法进入编辑状态或调用 Update 方法将修改后的数据写入到数据库，并控制其他 3 个按钮的可用性，代码如下：

```
Private Sub Command3_Click( )
    On Error Resume Next
    Command1. Enabled = Not Command1. Enabled
    Command2. Enabled = Not Command2. Enabled
    Command4. Enabled = Not Command4. Enabled
    Command5. Enabled = Not Command5. Enabled
    If Command3. Caption = "修改" Then
        Command3. Caption = "确认"
        Data1. Recordset. Edit
        Text1. Set Focus
    Else
        Command3. Caption ="修改"
```

```
            Data1. Recordset. Update
        End If
    End Sub
```

命令按钮 Command4_ Click 事件使用 Update Controls 方法放弃操作，代码如下：

```
    Private Sub Command4_Click( )
        On Error Resume Next
        Command1. Caption = "新增"
        Command3. Caption = "修改"
        Command1. Enabled = True
        Command2. Enabled = True
        Command3. Enabled = True
        Command4. Enabled = False
        Command5. Enabled = True
        Data1. Update Controls
        Dala1. Recordset. Move Last
    End Sub
```

命令按钮 Command5_ Click 事件根据输入专业使用 SQL 语句查找记录，代码如下：

```
    Private Sub Command5_Click( )
    Dim mzy As String
        mzy = Input Box MYM( "请输入身份" , "查找窗" )
        Data1. Record Source = "Select * From 基本情况 Where 省份 = & mzy &"
        Data1. Refresh
        If Data1. Recordset. EOF Then
            Msg Box "无此城市!" "提示"
            Data1. Record Source = "基本情况"
            Data1. Refresh
        End If
    End Sub
```

上面的代码给出了数据表内数据处理的基本方法。需要注意的是：对于一条新记录或编辑过的记录必须要保证数据的完整性，这可通过 Data1_ Validate 事件过滤无效记录。例如，下面的代码对学号字段进行测试，如果学号为空则输入无效。在本例中被学号字段所约束的绑定控件是 Text1，可用 Text1. Data Changed 属性检测 Text1 控件所对应的当前记录中的字段值的内容是否发生了变化，Action = 6 表示 Update 操作。此外，使用数据控件对象的任一箭头按钮来改变当前记录，也可确定所做添加的新记录或对已有记录的修改，Action 取值 1~4 分别对应单击其中一个箭头按钮的操作，当单击数据控件的箭头按钮时也触发 Validate 事件。

```
    Private Sub Data1_Validate( Action As Integer, Save As Integer)
        If Text1. Text = " " And ( Action = 6 Or Text1. Data Changed) Then
```

```
    Msg Box "数据不完整,必须要有名称!"
    Data1. Update Controls
End If
If Action >= 1 And Action <= 4 Then
    Command1. Caption ="新增"
    Command3. Caption = "修改"
    Command1. Enabled = True
    Command2. Enabled = True
    Command3. Enabled = True
    Command4. Enabled = False
End If
End Sub
```

3.4.2　数据库功能

3.4.2.1　查询功能

对任何一个数据库软件来说,查询功能都是软件的重中之重。查询的速度和方便性是衡量一个数据库查询功能好坏的关键。软件在查询界面的主体部分加入了一个 list 框,框中显示了全国各个省市及重要城市,用户可自行选择,比如要查询河南省的污水资料,只需选中"河南",并双击即可进入下一个查询界面,在该界面中,有多个可供选择的按钮,用户可根据需要对数据做进一步详细的查询。例如,按钮中有"用水数据""征收统计数据""相关规划指标"等可供选择,用户可分别进行选择,这样查询起来更加条理清晰、方便快捷。用户如果想对全国所有省份的某类数据进行查询的话,也可以在主界面点击窗口上面的菜单按钮,分别进行查询。

3.4.2.2　添加功能

在数据库的建立过程中,有个别省份的数据资料不够完整,而随着污水信息化的发展人们对数据资料的完整性的要求越来越高,因此,能够实时的添加一些原先缺乏的资料就变得非常必要了。软件在这方面做了详细的设计,有两种方法可供用户实现这一功能。第一种方法:在查询界面中选择需要查询的数据类型,进入显示界面后,点击显示表下面的"添加"按钮,然后系统将进入添加界面,分别输入要添加的数据(如果数据不存在,尽量输为 0,以防出现数据兼容错误)。然后点击更新,即实现了对一条记录的添加,用户也可以根据需要继续添加数据。若要查看添加完成后的数据结果,点击"信息总览",系统将重新进入显示界面,但此时界面显示的已是更新后的数据了。第二种方法:在显示界面中,将鼠标放在任一单元格上,单击鼠标右键会弹出一个对话框,对话框会显示两个可供选择的菜单,选择"添加新行",显示表格最下方将自动增加一个空行,此时用户可手动进行数据输入。

3.4.2.3　删除功能

如果数据库中有冗余数据,或者数据有严重错误,也可对数据进行删除。删除功能也有两种方法可以实现,第一种方法可以点击显示表格下面的"删除数据"按钮,在弹出的对话框中输入所要删除的行号，返回后会发现已经完成了数据行的删除。第二种方法与添加数据的第二种方法类似，不再赘述。不过建议用户慎用删除功能，因为数据一旦删除，将不能恢复，若要更改数据，建议用户使用下文所述的数据库的修改功能。

3.4.2.4　修改功能

由于软件统一以 2007 年的数据为标准进行存储及分析，随着时间的推移，数据库势必要结合最新的数据进行更新，或者有时候会发现原来的数据有错误，需要进行修改，所以修改功能也是一个数据库的必备功能。方法如下：双击需要修改数据的单元格，进入单元格以后，便可对里边的数据进行修改，方法类似于修改 Excel 单元格。为提高数据库的安全性，在对数据进行修改时，软件遵循慎重修改的原则，即每修改一个数据，系统都会提示你是否确定修改，虽然有些麻烦，但可以减少用户错误修改的概率。

用户也可以点击显示界面中的"帮助"按钮，会出现一个帮助框，框中会提供一些添加、删除等基本操作的提示，这也为用户使用软件提供了便利。

总之，全国污水处理回用数据库软件贴近工程实际，而且界面友好、易操作，通过该软件，用户能快速实现数据资料的查询、添加、删除、修改、动态更新及简单的数据分析等操作，为污水处理回用信息化管理及领导决策带来了极大的便利。

第4章 中小城市污水处理回用综合评价与调控措施

4.1 国内外中小城市污水处理回用现状

4.1.1 国外污水处理回用现状

4.1.1.1 美国

早在 1950 年，美国污水研究者俱乐部就利用模型进行了污水深度处理试验研究，1965 年将其成果用于加利福尼亚的南塔湖污水处理厂，建成处理能力达 28 400 m^3/d 的再生水厂。目前，美国城市污水回用量达 260 万 m^3/d，其中 62% 的再生水用于农业灌溉，30% 用于工业，其余用于城市设施和地下水回灌。经典的工程范例有马里兰州巴尔的摩市的伯利恒钢铁厂，它将处理后的城市污水作为冷却水，回用水量达 1.48 亿 m^3/a，自 1942 年建成以来一直稳定运行，说明城市污水回用于工业是稳定可靠的；加利福尼亚州橘子县的海水入侵屏障工程将城市污水经过二级处理后，再经化学净化、氨解析、混合滤料过滤、活性炭过滤、氯化、反渗透等处理后注入地下水层，防止海水入侵。佛罗里达州圣彼得堡的城市污水通过净化进入双管布水系统，供住宅、办公楼的消防用水和空调冷却水以及绿化用水。

4.1.1.2 以色列

目前，以色列 100% 的生活污水和 72% 的城市污水得到了回用。现有 200 多个污水回用工程，规模最小为 27 m^3/d，最大为 20 万 m^3/d，处理后的污水 42% 用于农灌，30% 用于地下水回灌，其余用于工业及市政建设等。全国的 127 座污水库与其他水源联合调控，统一使用。以色列将污水回用以法律的形式给予保障，如法律规定在紧靠地中海的滨海地区，若污水没有充分利用就不允许使用海水淡化水。污水资源给以色列带来了极大的经济效益，不仅实现了全国粮食自给，而且还将棉花、花生等出口到了欧洲。

4.1.1.3 日本

早在 20 世纪 80 年代中期，日本的城市污水回用量就达到了 0.63 亿 m^3/d。污水再生后用于中水道系统、农田或城市灌溉、河道补给等。日本的双管供水系统比较普遍（其一为饮用水系统，其二为再生水系统，即"中水道"系统），中水道的再生水一般用于冲洗厕所、浇灌城市绿地及消防。中水道系统除采用传统的处理装置外（如生物及物化处理），近年来又开发出一种地下毛细管渗滤系统，把污水处理与绿化结合起来。

4.1.2 国内污水处理回用现状

虽然我国早在 20 世纪 50 年代就开始采用污水灌溉的方式回用污水，但真正将污水深度处理后回用于城市生活和工业生产则是近几十年才发展起来的。建设部在"六五"专项科技计划中最先列入了城市污水回用课题，分别在大连、青岛两地进行试验探索。研究成果表明，污水可以通过简易深度处理后再次回用，是很有前途的水源。

从 1986 年开始，城市污水处理回用相继列入国家"七五""八五""九五"重点科技攻关计划，开始污水处理回用技术的探索和示范工程的试验。"七五"攻关项目"水污染防治及城市污水资源化技术"，就污水再生工艺、不同回用对象的回用技术、回用的技术经济政策等进行了系统研究。其中包括青岛延安三路污水厂等 14 个污水处理回用工程，为"八五"期间污水回用项目的攻关提供了大量可行的依托工程。"八五"攻关项目"污水净化与资源化技术"分别以大连、太原、天津、泰安、燕山石化为依托工程，开展工程性试验。通过系列的生产性和实用性工程研究，"八五"提供了城市污水回用于化工、石化、钢铁工业和市政景观等不同用途的技术规范和相关水质标准。"九五"攻关项目"城市污水处理技术集成化与决策支持系统建设"，具体攻关两部分内容：一是回用技术集成化研究，二是城市污水地下回灌深度处理技术研究。这些攻关研究，完成了大量生产性试验，取得了丰富数据，经国家专家级的鉴定验收，许多成果被评定为处于国际先进或国际领先水平。

在"21 世纪国际城市污水处理及资源化发展战略研讨会"上，建设部指出"中国将会全面启动污水资源化工程，并在此领域广泛加强与国外的技术合作和技术交流，欢迎各国金融机构和企业投资中国的城市污水资源化项目"，这表明中国在未来的几年城市对再生水利用的投资与需求将迅速升温。

目前，我国污水处理回用途径主要有以下几个方面：

（1）污水处理回用于工业和景观用水：污水处理回用最具有普遍性和代表性的用途是工业冷却水。北京高碑店污水处理厂的二级处理出水给华能热电厂提供冷却水的水源，供应量为每天 4 万 m^3。同时该污水处理厂还为三河热电厂等工业企业供水。郑州市五龙口污水处理厂经深度处理后，用于郑州市电厂冷却水水源，每天用水量为 2.6 万 m^3。

目前，再生水已经成为北京的第二大水源。统计数字显示，2006 年北京使用再生水 3.6 亿 m^3，2007 年达到 4.8 亿 m^3。其中有 6 000 万 m^3 用于补充城市景观和城市绿化用水的使用。目前，朝阳公园、大观园、陶然亭、万泉河、南护城河以及奥运中心区等都实现再生水浇灌。郑州市五龙口污水处理厂每天处理回用 2.4 万 m^3 污水用于补充金水河。

（2）污水处理后回用作生活杂用水：处理后污水回用生活杂用水，北京最具代表性。1984 年北京市进行污水示范工程建设，并于 1987 年出台了《北京市中水设施建设管理试行办法》。在该管理条例中，凡建筑面积在规定规模以上的旅馆、饭店和公寓及建筑面积在规定规模以上的机关科研单位和新建的生活小区都要建立中水设施。以此为契机，北京市的中水设施的建设得到了较快的发展。到目前为止，北京已经建成投入使用 160 多个中水设施，这些设施大多集中在宾馆、饭店和大专院校，它们以洗浴、盥洗等日常杂用水为水源，经过处理，回用于冲厕、洗车、绿化等。目前这些中水设施处理能力已经达到 4 万 m^3/d，中水建设已初具规模。

（3）污水处理后回用作农业灌溉：在中国北方城市，城市污水和工业废水已经成为某些郊区农田（包括菜田、稻田和麦田等）灌溉用水的主要水源之一。再生水用于农作物灌溉的面积逐年增加，大兴、通州等地区形成了 30 万亩再生水灌溉区。2005 年全北京市农业利用再生水达 2.3 亿 m^3。2006 年底，随着小红门污水处理厂的排水闸门开启，清澈的再生水涌入凉凤灌渠，大兴区青云店、长子营、采育等 8 个镇的 20 万亩农田灌溉用上了再生水。再生水代替清水进行农田灌溉，每年可减少开采地下水 6 000 万 m^3。

其他地区和城市也对污水处理回用高度重视。如 2006 年郑州市颁布的《郑州市节约用水条例》第二十七条规定：建筑面积在 2 万 m^2 以上且设计日用水量在 300 m^3 以上的宾馆、饭店、公寓、综合性服务楼等建筑；建筑面积在 3 万 m^2 以上且设计日用水量在 400 m^3 以上的机关、科研单位、大专院校、医疗机构和大型综合性文化、体育场所；建筑面积在 5 万 m^2 以上且设计日用水量在 1 000 m^3 以上的住宅小区，应当建设再生水回用系统。郑州市五龙口污水处理厂每日深度处理 5 万 m^3 污水，一部分用于补充金水河，另外一部分用于电厂冷却水。《天津市节约用水条例》第二十九条规定：新建宾馆、饭店、公寓、大型文化体育场所和机关、学校用房、民用住宅楼等建筑物在该市利用再生水规划范围内的，应当按规定建设再生水管道设施，利用再生水和符合民用标准的生活杂用水。《哈尔滨市城市节约用水条例》第二十五条规定：建筑面积 2 万 m^2 以上的宾馆、饭店、公寓等建筑；建筑面积 3 万 m^2 以上的机关、科研单位、大专院校和文化、体育场所等建筑；建筑面积 5 万 m^2 以上，或者可回收水量大于 750 m^3/d 的居住区和集中建筑区等。现有建筑物使用面积在 2 万 m^2 以上的，应当按照规定逐步配套建设中水设施以及中水回用设施。《浙江省节约用水办法》第二十八条规定：建设城镇生活污水集中排放和处理设施时，应当因地制宜建设回用水设施。新建宾馆、饭店、住宅小区、单位办公设施和其他相关建设项目，应当逐步建设中水回用系统。以水为主要原料的生产企业应当对生产后的尾水进行回收利用。第三十条规定：园林绿化、环境卫生、建筑施工等用水，应当优先利用江河湖泊水、再生水。城镇绿地、树木、花卉等植物的灌溉，应当推广喷灌、微灌等节水型灌溉方式，鼓励利用经无害化处理后的废水。可见，污水深度处理回用已日益受到人们的重视。

到 2015 年末，力争在我国北方缺水地区再生水的利用率达到污水处理量的 20%，南方沿海缺水城市要达到 5%～10%。

4.1.3　污水处理回用存在的问题

目前，我国污水处理回用还存在以下问题：

4.1.3.1 缺乏污水处理回用总体规划

尽管我国污水再生利用工作已经启动，国家和地方都开展了相关的科学研究和工程实践，一些城市和区域正在全面规划和实施污水再生利用工程，有的已经取得了很好的成效。但是整体来讲，还是缺乏污水再生利用总体规划。在城市总体规划中，虽然有供水及排水专项规划，但许多城市并没有把这些规划与污水再生利用结合起来，在给水水源上，没有考虑再生水；在给水管网规划设计时，没有考虑再生水给水管道。

4.1.3.2 污水处理设施投资和运营缺乏市场机制

我国目前污水处理设施建设和运营的主体主要还是政府，资金来源主要还是财政拨款。污水处理收费低，不足于补偿污水处理的正常运营成本。这就使得一方面，投资渠道单一，资金严重匮乏；另一方面，缺乏激励机制，经营管理水平低，投资效益低下。这种局面严重阻碍了污水再生利用市场的发育和良性机制的形成。

4.1.3.3 运行方面

再生水处理设施设计能力利用效率普遍不高，不少再生水处理设施投产不久后便处于停运状态。一项对京津两地正在运行的 48 个污水处理回用设施（其中宾馆饭店、大专院校和居住小区各 16 个）进行的调研显示，设计处理能力利用率低于 50% 的污水处理回用设施分别占到商业楼宇、大专院校和居住小区污水处理回用设施总数的 62.5%、25%、81.25%。究其原因，一是处理能力利用不足，"大马拉小车"，使得运行成本高；二是缺少专业的运行管理人员；三是设备频繁出现故障，设备维修成本增加。

4.1.3.4 监管不到位

污水处理回用设施的运行监管缺位，存在一定的水质安全隐患，很多单位的污水处理回用设施在日常运行中对部分水质和运行指标没有监测和记录，管理单位"三无"现象（无水质监测场所，无水质监测仪器，无合格上岗人员）与早年相比没有明显改观。在缺乏现场例行监测和管理部门监测的情况下，大部分建筑污水处理回用设施的运行实际上处于失控状态，既无法保证用户用水要求，也无法根据出水水质优化运行参数。

4.1.3.5 宣传力度小

一项对北京地区的社区居民的问卷调查显示，在回收的有效问卷 277 份中，53% 的被调查者对污水处理回用有所耳闻，但并不是很清楚了解再生水的含义，18% 的人没怎么听说过再生水，只有 29% 的人熟悉并能够清楚地说出污水处理回用的含义。这表明公众对污水处理回用的认知程度不够，再生水回用尚未获得公众广泛的认可，需要加强宣传。另外，由于未能向公众定期公布污水处理回用水质，不少人对污水处理回用水质存在疑虑，对其使用存有抵触心理，在一定程度上降低了公众使用污水处理回用的积极性。

4.1.3.6 过低的水价使再生水缺乏市场

我国目前水价整体较低，仅能维持最低的运营成本，没有体现水作为稀缺资源的价值，水价没有起到对水资源需求的调控作用。城市供水水价、污水处理及再生利用收费之间尚未形成合理的比价关系，也就未能形成有效的污水再生利用激励机制。再生水能够满足水质要求的用水单位，也宁愿用价格低廉的自来水而不用再生水，使得再生水缺乏市场需求。

4.1.3.7 技术法规和配套政策不健全

完善的法规和技术标准，是污水再生利用规范发展、安全运行的重要保障。制定科学的技术标准和规范，提出合理的指导性和强制性要求，确定相应的产业和经济政策，是推进污水再生利用快速有序发展的重要保证。我国在这方面还有很多工作要做。

因此，基于全国污水处理回用调查资料，开展城市污水处理回用综合评价与调控措施研究，对于提高我国污水处理回用技术水平，进行有效的监督管理，使污水资源更好地服务于社会，具有十分重要的科学技术和社会经济意义。

4.2 中小城市污水处理回用方案比较分析

污水处理回用技术的选择是污水处理厂建设的核心部分，在项目方案阶段业主和工程设计人员都非常关注这一问题。污水处理技术不同，初投资和能耗差别很大，如何根据实际条件正确选择处理技术已成为设计工作者和用户经常碰到的一个问题，也是影响能耗和工程投资的重要因素。

本章将根据全国典型中小城市污水处理情况的调研成果，并结合常用污水处理技术特点和适用性的分析，筛选出城市污水处理适用技术的备选方案。

4.2.1 国内中小城市污水处理回用厂状况调查

中小城市污水处理事业刚刚起步，污水处理厂建设、污水处理技术的选择以及运行管理等方面，还处于不断摸索阶段。中小城镇污水处理事业要走向正常发展的道路，必须形成一套适合自身特点的思维方式。而国内一些发达省份的小城镇污水处理起步较早，已拥有比较成熟的污水处理厂建设和运行管理经验。

本研究基于全国污水处理回用调查资料，选择我国东部江苏省部分小城镇、中部湖北省部分小城镇及西部部分小城镇的污水处理厂为典型，这些小城镇污水处理厂一般运转较正常，具备较完整可靠的记录。

4.2.1.1 典型污水处理厂概况调查

污水处理厂 A 位于江苏省某镇，工程设计规模为日处理污水 1.5 万 m^3，采用 CASS 工艺。

污水处理厂 B 位于河南新乡市某镇，工程设计规模为日处理污水 1 万 m^3，采用水解酸化+接触氧化工艺。

污水处理厂 C 位于新疆某镇，工程设计规模为日处理污水 2.5 万 m^3，采用 MSBR 工艺。

污水处理厂 D 位于湖北省某县城镇，工程设计规模为日处理污水 2 万 m^3，采用氧化沟工艺。

污水处理厂 E 位于云南省某县城镇，工程设计规模为日处理 1 万 m^3，污水用

ICEAS 工艺。

4.2.1.2 调查指标内容

调查收集到的资料，主要用于做横向对比。包括处理污水量（m^3/d）、BOD_5、COD_{Cr} 和 SS 去除量和去除率、污泥产量及出水水质达标率。经济指标包括投资、运行成本等。

4.2.2 中小城市污水处理方案比较分析

4.2.2.1 污水排放量及水质的比较分析

中小城镇污水排放量及水质指标（BOD_5、COD_{Cr}、SS、TN、TP）情况见表 4-1。

表 4-1 中小城镇污水排放量及进水水质指标

地区	排放量 万 m^3/d	水质指标（mg/L）					
		pH	BOD_5	COD_{Cr}	SS	TN	TP
东部	0.5~2.0	>10	50~150	500~650	50~450	15~25	3.0~4.0
中部	0.2~1.5	6~9	150~200	35~550	120~280	30~40	2.0~4.0
西部	0.1~1.5	6~9	180~220	300~500	100~300	40~50	3.5~6.0

从上表可以看出，东部小城镇污水排放量高于中西部，污水 pH 值偏高，$BOD_5/COD_{Cr}=0.10~0.33$，$BOD_5/TN=3.3~6$，$BOD_5/TP=16.7~37.5$，可见，东部小城镇污水可生化性和脱氮效果一般，除磷效果尚可，这主要是由于东部小城镇经济相对发达，工业企业较多，外来人口多造成的。据调查，东部小城镇总污水量中工业废水所占比例在 70% 以上，外来人口与本地常住人口各占 50% 左右。

中西部小城镇污水量和水质指标比较接近，这也符合两地经济发展水平和人口组成以及工业企业结构特征。中西部小城镇污水中生活污水所占比重较大，生活污水与工业废水比值一般在 7:3 左右，这恰好与东部小城镇相反，pH 值较适应活性污泥的生长，$BOD_5/COD_{Cr}=0.4~0.5$，$BOD_5/TN=4.5~5$，$BOD_5/TP=36.7~75$，可生化性好，宜于脱氮除磷。

我国现行的《城市污水处理工程项目建设标准》中将污水处理规模分为五类，其中第 V 类为 0.05 万~2 万 t/d。西部小城镇污水处理规模一般小于 2 万 t/d，绝大部分在 2 000~500 万 t/d，低于第 V 类处理规模。

4.2.2.2 经济指标比较分析

1. 投资方面的比较

东部小城镇属发达地区，工业总产值较高，如江苏无锡某镇 2003 年全镇工业总产值达 25.47 亿元，而该镇污水处理厂投资为 1 979.65 万元，仅占工业总产值的 7.72%，可见东部小城镇兴建污水处理厂建设资金容易解决，虽然也存在利用国债资金的情况，但比重较小，大部分建设资金由地方财政直接拨款来完成。而中西部地区小城镇如果不依靠国债资金、银行贷款或资助，几乎难以进行污水处理厂的建设。

2. 土地费用比较

由于东部小城镇发展较快，建成区面积大，城市化率在 60% 以上，土地资源紧张，地价也一路攀升，给污水处理厂建设带来一定困难。而中西部小城镇土地资源相对较宽松，还不足以影响污水处理厂的建设决策，在优先考虑其他因素后，再考虑土地因素也未尝不可。

3. 能源费用比较

从前述的分析可知，能源费（主要是电费）占总运行费用的 50% 左右，降低能源消耗即可大大降低处理成本。东部小城镇工业发达，耗电量较高，电量紧张，电价较高，一般在 0.07~0.08 元/（kW·h）。而中西部小城镇水电资源丰富，电价一般在 0.05~0.06 元/（kW·h）。西部小城镇在这方面具有优势。

4. 药剂费用比较

前已述及，东部小城镇污水中工业废水比重较大，含有一定量的重金属，酸碱度较高，色度较大，这都会影响污水处理厂活性污泥的生长，使得处理效果不佳。而要减弱这些影响就必须添加药剂，如酸碱溶液、絮凝剂、脱色剂及营养物（含 N、P）等化学药剂，从而增加药剂消耗量，药剂费约占运行费用的 10% 左右，中西部小城镇一般不存在这方面的情况。虽然有的污水厂进水浓度偏低，需要添加营养物来提高可生化性，是由于一些地方仍采用合流制排水系统以及管网渗水严重，如果逐步把合流制改为分流制，同时在管网设计和敷设中考虑地下水的入渗因素，做好管道接口的密封，就可以提高污水进水浓度，不需添加营养物就能满足生化处理要求。

4.2.2.3　污水处理技术选用的比较分析

东部小城镇污水处理厂采用较多的污水处理技术有水解酸化+接触氧化工艺、SBR 改进工艺（如 CASS，MSBR 等），这符合东部小城镇的污水特性。通过水解酸化可达到降低 pH 值，提高污水可生化性能的作用，减少药剂的投加，节约运行成本，而且这两种工艺也节省占地面积，因此是适用于东部小城镇污水处理厂的污水处理技术。中部小城镇污水处理厂采用较多的是各种类型的氧化沟工艺及 A2O 工艺，这些工艺也很适合小城镇污水处理厂，处理效果也较好，这在中部小城镇已建成的污水处理厂中得到了验证，但中部小城镇污水处理厂存在污水处理设计规模过大，而实际进水负荷有时仅能达到设计负荷的 30% 左右，使得污水厂不能正常运行，出现运行成本偏高的现象。因此，西部小城镇污水处理厂在选择污水处理技术时应吸取东中部的经验教训，不能求大而额外增加投资和运行成本，应立足于适用，根据西部小城镇自身的特点来选择处理技术。

4.2.2.4　几种污水处理技术方案比较

根据技术分析，我们确定 A2O、氧化沟（OD）、CASS、曝气生物滤池（BAF）四种工艺技术作为我国中小城镇污水处理技术备选方案。现将其主要技术指标比较分析如下：

1. 主要工程内容比较

四种污水处理技术方案主要工程内容比较见表 4-2。

表 4-2　主要工程内容比较

内容	A2O	OD	CASS	BAF
相同水处理构筑物	物粗细格栅沉	砂池二沉池储泥池	污泥浓缩机房	鼓风机房
不同水处理构筑物 主要相同设备	A2O 反应池 格栅除污机	氧化沟 潜水排泥泵	CASS 反应池 污泥浓缩脱水机	生物滤池 初沉池 剩余污泥泵
主要不同设备	离心风机 刮泥机	曝气转碟 推流机 刮泥机	离心风机	反冲洗泵

2. 主要优缺点比较

四种污水处理技术方案主要优缺点比较见表 4-3。

表 4-3　主要优缺点比较

处理技术	主要优点	主要缺点
A2O	工艺成熟 　设置单独厌氧、缺氧区，可达到稳定地脱氮除磷效果 　采用鼓风曝气，供氧效率较高。鼓风风机按曝气池溶解氧自控，易于控制，同时供氧量调节灵活 　运行管理成熟可靠	抗进水水质水量的冲击负荷能力稍差 　由于厌氧区居前，硝酸盐对系统除磷产生不利影响 　由于内回流直接进入缺氧池，故剩污泥未经历完整的放磷过程，对系统除磷不利
OD	去除氮、氮的性能好，具有抗冲击能力 　污泥沉降性能好，工艺流程简单，管理简便 　采用转碟曝气，且转碟浸没在水中，转碟布置分散，对厂区噪声影响小	氧的利用率较低，能耗较高 　没有独立的除磷系统，除磷效果稍差 　受转碟限制，池深较浅，占地较大
CASS	工艺流程简单，CASS 池集曝气、沉淀于一体，池子较深，故节省占地；而且整体结构简单，不需复杂的管线输送，构筑物数量少，具有完全混合式和推流曝气池的双重优势，对水量、水质具有较强的抗冲击负荷能力，处理效果稳定；SVI 值低、沉降性能好，具有抑制丝状菌生长的特性 　可脱氮除磷	反应池的进水、曝气、排水、排泥变化频繁，且必须按时操作，人工管理几乎不可能，只有靠自动化控制，因此要求设备仪表可靠性高 　由于自动化水平高，要求管理人员有较高的技术水平，故操作人员须严格培训 　由于是间歇式运行，故设备利用率较低，设备闲置率高，而且设备启动频繁，对设备的损害较大，维修量也较大 　池内除渣条件较差，卫生观感亦较差

处理技术	主要优点	主要缺点
BAF	占地面积小，基建投资省，出水水质高，可满足回用要求 工艺流程短，氧的传输效率高，供氧动力消耗低，处理单位污水的电耗低 抗冲击负荷能力强，受气候、水量和水质变化影响小 曝气生物滤池采用模块化结构，便于后期改建、扩建 运行管理方便、便于维护	进水的 SS 要有所控制，若进水的 SS 较高，易使滤池发生堵塞，从而导致频繁的反冲洗，增加了运行费用与管理的不便 运行时水头损失较大，水的总提升高度大 产泥量稍大，污泥稳定性稍差 生物除磷效果不好，多采用化学法进行，增加了药剂的使用量

3. 综合因素比较

四种污水处理技术方案综合因素比较见表 4-4。

表 4-4　综合因素比较

比较内容	A2O	OD	CASS	BAF
工艺流程	一般	一般	简单	简单
构筑物数量	较多	较多	较少	较少
曝气方式	微孔鼓风曝气	转碟曝气	微孔鼓风曝气	鼓风曝气
供氧利用率	高	高	高	高
内回流比	100%～150%	无	无	无
外回流比	50%～150%	60%～100%	20%	无
C 处理效果	好	好	好	好
N 处理效果	好	好	好	好
P 处理效果	较好	较好	较好	较差
运行可靠性	好	好	好	好
抗冲击负荷能力	一般	一般	较好	好
操作管理	方便	方便	方便	方便
分期建设性能	一般	一般	较好	较好
构筑物占地	较大	较大	较小	小
基建投资	较大	较大	较小	一般
运行费用	较高	较高	较低	一般
污泥量	一般	一般	较少	稍大
剩余污泥浓度	较低	较低	低	稍高
污泥稳定性	较稳定	较稳定	稳定	较差
工程实例	很多	很多	很多	很多
综合评价	较好	较好	较好	较好

由上面的分析可以看出，几种污水处理技术各有优缺点。要确定哪一种污水处理技术最适合，还需进行综合评价。

4.3 中小城市污水处理回用技术综合评价方法

4.3.1 综合评价方法概述

综合评价（comprehensive evaluation）是指对被评价对象所进行的客观、公正、合理的全面评价。对于有限多个方案的决策问题来说，综合评价是决策的前提，而正确的决策源于科学的综合评价。没有对各可行方案的科学的综合评价，就没有正确的决策。

开现代科学评价之先河者是艾奇沃斯（Edgeworth）。早在 1888 年，他在英国皇家统计学会的杂志上发表的论文《考试中的统计学》中，就已经提出了对考试中的不同部分应如何加权。1913 年，Spearmen 发表了《和与差的相关性》一文，讨论了不同加权的作用，此文实际上已用了多元回归和典型分析。在 20 世纪 30 年代，Thurstone 和 Likert 又对定性记分方法的工作给予了新的推动。

20 世纪 70~80 年代，是现代科学评价蓬勃兴起的年代。在此期间，产生了多种应用广泛的评价方法，诸如 ELECTRE 法、多维偏好分析的线性规划法（LinMAP），逼近于理想解的排序方法（TOPSIS）、层次分析法（AHP）、数据包络分析法（DEA）等。灰色理论、模糊数学和集对分析等的发展和不断应用，拓宽了多属性决策的思路，产生了灰色关联决策法、灰色局势决策法、模糊综合评判法、模糊层次分析法等多属性决策方法。在实际综合评价中使用得较多是层次分析法和模糊综合评判法。

4.3.1.1 层次分析法

层次分析法（AHP）是由美国运筹学家、匹兹堡大学教授萨迪在 1977 年提出的。1996 年，萨迪在层次分析法的基础上，又提出了网络分析法。

层次分析法的基本思想是：先按问题的要求把复杂的系统分解为各个组成因素；将这些因素按支配关系分组，建立起一个描述系统功能或特征的有序的递阶层次结构；然后对因素间的相对重要性按一定的比例标度进行两两比较，由此构造出上层某因素的下层相关因素的判断矩阵，以确定每一层次中各因素对上层因素的相对重要性；最后在递阶层次结构内进行合成而得到决策因素相对于目标的重要性的总顺序。它体现了人们决策思维的基本特征：分解、判断、综合，具有思路清晰、方法简便与系统性强等特点。

AHP 法的核心在于通过两两比较来构造判断矩阵。判断矩阵一经确定即可用多种方法求出排序值。但 AHP 的缺点在于：①判断矩阵是由评价者或专家给定的，因此其一致性必然要受到有关人员的知识结构、判断水平及个人偏好等许多主观因素的影响；②判断矩阵有时难以保持判断的传递性；③评价方案集中方案的增减有时会影响方法的保序性；④综合评价函数采用线性加权形式，需要满足可加性和独立性的假设，不能盲目应用。

4.3.1.2　模糊综合评判法

模糊综合评判法奠基于模糊数学。模糊数学诞生于 1965 年，它的创始人是美国自动控制专家 LA. Zadeh。模糊评价法不仅可对评价对象按综合分值的大小进行评价和排序，而且还可根据模糊评价集上的值按最大隶属度原则去评定对象所属的等级。

模糊综合评判法有以下几点不足之处：①隶属度函数较难确定，且主观性较强，增加了决策者的操作难度；②模糊算子的选择较困难，且很多模糊算子不能充分利用已知信息。

4.3.1.3　模糊积分评价法

模糊积分是由日本学者 Sugeno 在 1974 年提出的，因而又称管野积分。实际上，这里的积分一词是一种借用，它与经典积分完全是两回事。模糊积分的基础是模糊测度，用来表示一个元素从属于某个集合的可能性程度或者是概率测度。模糊测度以单调性代替了经典概率中的可加性条件，模糊测度是经典概率测度的推广。

模糊积分不需要假设可加性和独立性，因而可避免层次分析法的弊端。同时，模糊积分方法可避免模糊评价方法的一些不足之处，如：权重大的因素在结果中得到反映，而其他权重小但影响大的因素被屏蔽掉等。模糊积分充分考虑到了各因素的影响，影响大但权重小的因素也可通过积分对结果产生影响。这样做更符合实际，更符合直观的认识。

鉴于层次分析法和模糊综合评判法的不足，我们认为采用基于模糊积分的评价方法来对我国中小城镇污水处理技术的选择进行综合评价较适宜。

4.3.2　模糊积分理论基础

4.3.2.1　模糊测度的确定

设因素域 $X = \{x1, x2, \cdots, xn\}$，任给集合 $A \in x$ 均可得到一个介于 0~1 的集函数 $g(A)(0 \leqslant g(A) \leqslant 1)$，若 g 满足

（1）$g(X) = l, g(\varphi) = O$；

（2）$A \subset B \subset X$，有 $g(A) \leqslant g(B)$（单调性）

则称 g 是可测空间（$X, \rho(X)$）的模糊测度，其中，$\rho(X)$ 为 X 的所有子集的全体。

模糊测度 g 是同 X 的一个位置未定的元素 x 相联系的。Sugeno 称 $g(A)$ 为 A 的"模糊度"（grade of fuzzines）。它表达了人们主观猜测 x 是否在 A 中这一情况下，对语句"$x \in A$"的一种评价。例如，$g(\varphi) = 0$ 意味着位置未定的元素"$x \in \varphi$"是不可能的，而以 $g(X) = l$ 意味着语句"$x \in X$"，总是正确的。g 的单调性意味着当 $A \subset B$ 时，"$x \in A$"不如"$x \in B$"肯定。

4.3.2.2　模糊积分的计算

1974 年日本学者 Sugeno 在其博士论文中利用模糊测度定义了模糊积分的概念。模糊积分是模糊集的隶属度函数 h 与模糊测度函数 g 的一种广义内积。

设（$X, \rho(X)$）是一个测度空间，$h: X \to [0, 1]$ 是一个 ρ 上的可测函数。则 h 关于模糊测度 g 在 A（$A \subseteq X$）上模糊积分。

模糊测度与模糊积分不仅是模糊分析学的基础，而且应用十分广泛。模糊积分所具有的将多源信息依据各自的重要程度组合在一起的能力已经被多名学者所证实，它在医学、信号处理、聚类以及专家系统等领域中都得到了成功的应用。

4.3.3 模糊积分综合评价的程序和步骤

运用模糊积分综合评价数学模型对污水处理技术方案进行评价，其基本程序和步骤如下：

4.3.3.1 确定评价目标

污水处理技术方案模糊综合评价的目标，就是根据污水处理的实际情况，结合影响污水处理技术方案选择的各种因素，从若干备选方案中优选出适合的污水处理技术方案。

4.3.3.2 建立评价指标体系

指标是目标内涵的体现及衡量测定的尺度，应根据具体目标设立相应的评价指标。污水处理技术方案评价指标的选择，应根据特有的地理、地质特征，污水处理的情况，城镇经济发展水平以及国家有关的政策，确定评价指标。

4.3.3.3 指标数据的标准化

对污水处理技术方案的各项指标不能进行简单的比较。究其原因，是由于在不同的自然条件下，各污水处理厂设计和实际运行的水量、水质和处理水平不一致；构筑物设计参数不一致；构筑物的结构、用料和设备选型不一致；附属建筑物、总平面布置、绿化、电气仪表、运输通信、机修、化验等不一致；用地及地价不一致。以上评价基准的不一致，必然会造成各污水处理技术方案不可比较。因此，采用统一的评价基准是进行综合评价的基础。评价基准统一如下：

（1）自然条件相同：包括地势、气温、降水量、风速、地基承载力、地震烈度等。

（2）处理规模和进水水质：应同一处理规模和进水水质下进行比较。

（3）污水排放标准、出水指标和处理目标：污水排放标准统一按《城镇污水处理厂污染物排放标准》GB 18918—2002 中规定的一级 B 标准执行。

（4）污水预处理：各种方法采用统一的进水井、粗格栅、进水泵、细格栅和沉砂池等，其各项技术经济指标相同。

（5）污泥处理：各种方法皆采用污泥浓缩脱水外运方法，其污泥浓缩池、贮泥池、带式压滤机房等根据产泥量、含水率计算。

（6）土建工程：构筑物皆采用钢筋混凝土结构，附属构筑物采用砖混结构。

（7）其他工程：附属构筑物、总平面布置、绿化、电气仪表、自控、通信、机修、化验设备的要求相同。

（8）工程造价：分别由土建、设备与安装三部分费用组成。

（9）成本指标：电价、定员、人均工资福利费、药剂费、地价等采用统一标准。

同时，指标体系中各指标可能存在很大差别，有必要对指标数据进行标准化处理，指标数据的差异主要体现在以下几个方面：

1）正逆不同。既有越大越好的正指标，也有越小越好的逆指标。

2）量纲不同。各指标的量纲既有货币量，也有实物量，还有百分比等形式。

3）性质不同。既有定量的指标，也有定性的指标。

通过制定评分标准，进行指标数据标准化处理后，将正逆不同的指标转化为正指标，使量纲不同的指标具有相同的量纲或无量纲，并把定性指标变成定量指标。

4.3.3.4　确定指标权重（模糊测度）

由于各指标对目标的相对重要程度不同，或者说各指标对目标的贡献不同，因此，应根据各指标的重要性程度，对不同指标赋予不同的权值。赋予较重要的指标赋予较大的权重，相对次要的指标则赋予较小的权重。

4.3.3.5　进行综合评价

利用模糊积分方法对中小城镇污水处理技术备选方案进行综合评价，根据评价结果进行各种方案的优劣排序和分析，做出方案的选择。

4.4　中小城市污水处理回用技术优化选择评价指标体系研究

中小城镇污水处理技术方案评价指标体系的建立，是进行综合评价的前提和基础，是进行评价的关键步骤之一。下面将从技术、经济、环境等方面建立小城镇污水处理技术评价指标体系。

4.4.1　中小城镇污水处理回用技术选择评价指标分析

4.4.1.1　技术指标分析

评价污水处理技术所采用的技术指标主要包括 BOD_5、COD_{Cr}、SS、NH_3-N、TP、TN 等污染指标的去除率、处理技术的成熟性、运行的稳定性、操作管理难易程度、分期建设性能、对气候的适应性等。

1. 污染物处理效率

污染物处理效率是指标各污水处理技术对 BOD、COD、SS、NH_3-N 等的去除率。通过污水处理效率分析，可检验出某种污水处理技术对各种污染物处理能力。A2O、氧化沟（OD）、以 SS、曝气生物滤池（BAF）四种污水处理技术污染物去除效率比较见表 4-5。

2. 技术的成熟性

污水处理技术必须是经过实践检验的、技术成熟的、处理效果能得到保障的技术，不能一味地追求其先进性，而应结合西部小城镇的具体实际，立足适用性来选择西部小城镇污水处理技术。A2O、氧化沟、CASS、曝气生物滤池均是成熟的污水处理技术。

表 4-5　各污水处理技术主要污染物去除率对比

序号	处理方法	BOD_5 去除率（％）	COD_{Cr} 去除率（％）	SS 去除率（％）	TN 去除率（％）	TP 去除率（％）
1	A2O	90～97	91	95	73	96
2	OD	89～94	85～94	85～96	77～86	83～91
3	CASS	90～95	90	96	90～92	80～85
4	BAF	75～92	85～88	85	80～85	70

氧化沟处理技术自 20 世纪 50 年代以来，经过工艺和曝气设备的无数次改进，目前已成为主要污水生物处理技术之一。

CASS 工艺最早是由美国川森维柔废水处理公司 1975 年研究成功并推广应用的一项废水处理专利。1994 年，为引进 CASS 技术我国总装备部工程设计研究总院环保中心在实验室进行了模拟研究，并成功应用于北京航天城污水处理厂。

A2O 工艺于 20 世纪 70 年代由美国的 levin 和 shapiro 在厌氧-好氧工艺基础上开发出来的。我国自 80 年代初对该工艺进行了大量的试验研究，目前该已在许多污水处理厂得到了应用。我国的广州大坦河污水处理厂、太原市北郊污水净化厂、山东泰安市污水处理厂、昆明市第二污水处理厂等都应用了 A2O 工艺。

BAF 技术最早由法国 CGE 公司所属的 OTV 公司开发，世界上首座曝气生物滤池于 1981 年在法国投产。随后在欧洲各国得到广泛应用。美国和加拿大等美洲国家在 20 世纪 80 年代末引进此工艺，日本、韩国和中国台湾也先后引进了此项技术。大连市马栏河污水处理厂是我国第一个采用曝气生物滤池工艺的城市污水处理厂。

另外，我国一部分工业废水的处理也采用了此项技术。清华大学、太原理工大学等科研单位对曝气生物滤池也进行了试验研究。随着曝气生物滤池在世界范围内不断推广和普及，很多学者在其结构形式、功能、启动和滤料等方面进行了详细的研究，取得了很多成果。对于技术成熟性指标可用技术开发的年代来定量。

3. 运行的稳定性

运行稳定性是指污水处理技术抗冲击负荷的能力，当进水水质、水量变化时对处理性能的影响及出水水质达标情况。由于小城镇污水量及进水水质随时间变化的幅度较大，因此，处理技术的运行稳定性就显得格外重要。A2O、氧化沟、CASS、曝气生物滤池运行稳定性良好。

氧化沟工艺有很强的抗高浓度废水冲击负荷能力，主要原因：一是因为氧化沟一般为低负荷设计，且多数情况下沟内能维持较高的浓度，一时的冲击负荷不足以对微生物产生抑制作用；二是沟内的循环流量很大，为进水流量的几十倍甚至上百倍，在流态上，每个沟道都具有完全混合的特征。氧化沟也有很强的抗水力负荷的能力，它可将冲击流量在几条中进行分流，有效地防止了污泥固体的流失。当冲击流量停止后，系统很容易恢复到正常的运行操作模式。

CASS 工艺可通过调节周期来适应进水量和水质的变化。在暴雨时，可经受平均流量 6 倍的高峰流量冲击，而不需要独立的均衡池。

由于 A2O 工艺反应池的水力停留时间长，因此抗冲击负荷能力强，出水稳定。

BAF 工艺有较高的耐有机负荷和水力负荷的能力。试验研究表明，BAF 适宜的水力负荷为 $0.06 \sim 2.2 \ m^3 / (m^2 \cdot h)$。当水力负荷小于 $2.2 \ m^3 / (m^2 \cdot h)$ 时，COD 去除率均在 91% 以上，当水力负荷大于 $2.2 \ m^3 / (m^2 \cdot h)$ 时，COD 去除率则大幅度降低。这是因为水力负荷过大，污水与生物膜的接触时间短，生物氧化去除污染物效果降低，表现为 COD 去除率下降。但另一方面水力负荷影响微生物的生长、繁殖和脱落。水力负荷增加，有机负荷也增加，微生物可利用的营养物质相应增加，微生物生长旺盛，反应器中的生物量增加，从而保证了一定的去除率；同时，水力负荷的增加，加大了对陶粒表面生物膜的冲刷,有利于膜的更新和 COD 的去除,因此水力负荷不能太小,但有机负荷不能太高,即不能超过载体上生物膜的分解能力,否则随着水力负荷的增加,COD 去除率下降。

曝气生物滤池在暂时不使用的情况下可关闭运行,此时滤料表面的生物膜并未死亡,一旦通水曝气,可在很短的时间内恢复正常。这一特点使曝气生物滤池非常适合一些水量变化大地区的污水处理。

4. 操作管理难易程度

操作管理难易程度不同的污水处理技术涉及不同的自控水平及人工管理的复杂程度。自控要求的高低直接影响污水厂运行的稳定性、工程投资、员工素质等。自控要求低(定性评价分值高)相对工艺来讲稳定性高、投资省、员工素质要求较低,反之亦然。西部小城镇经济实力不强,不宜刻意为实现自控而增加相对过大的投资,可以采取人工控制和自动控制相结合的方法,使系统关键部位的运行状态处于常时监控状态,并提供简捷可靠的事故处理和安全保障功能。

A2O、氧化沟工艺自控水平要求较低,而曝气生物滤池和 CASS 工艺自控水平要求高。

5. 分期建设性能

由于小城镇资金投入难以一步到位,且污水收集系统处于不断完善之中,初期收集的污水量一般无法达到设计规模,因此,污水处理厂建设应近远期结合,采用分期建设性能较优的污水处理技术。

由于 CASS 工艺无初沉池、二沉池以及规模较大的回流泵站,取消了大型贵重的刮泥机构和污泥设备,因此扩建较方便。

曝气生物滤池采用模块化结构,便于后期改建、扩建。

6. 对气候条件的适应能力

在生物处理技术中,水温是影响微生物生长的重要因素。夏季污水处理效果较好,而在冬季净化效果降低,水温的下降是其主要原因。在微生物酶系统不受变性影响的温度范围内,水温上升就会使微生物活动旺盛,就能够提高反应速度。此外,水温上升还有利于混合、搅拌、沉淀等物理过程,但不利于氧的转移。对生化过程,一般认为水温在 20~30 ℃时效果最好。如果污水处理技术对气候适应能力强,则气候对处理效率的影响相对就小。

低温对 CASS 工艺处理效果有一定影响,在其他条件相同情况下,与常温条件相比,COD_{Cr} 去除率约降低 3%,但仍能保持较好的处理效果,这也反映出该工艺对温度具有较好的适应能力,对温度的适应范围约 $-5~20$ ℃。但低温造成活性污泥沉降性能降低,SV 和 SVI 值普通高于常温条件,可以通过提高污泥浓度、降低污泥负荷、适当延长沉淀时间和向 CASS 池中投加少量黏土等措施,解决低温给生产运行带来的困难。

A2O 工艺较适宜的运行温度是 5~30 ℃。

氧化沟可用在寒冷的地方,当冬季气温为 -20 ℃时仍可使用。氧化沟污水厂在冬季达标排放率为 71%,远远高于鼓风曝气和生物滤池的 21%。氧化沟中的混合液以大于 0.3 m/s 的速度循环流动,沟内水流不会结冰,只要将电机和曝气器加以屏蔽,避免被转刷扬起的水滴与寒冷的空气接触而快速降温。丹麦和荷兰等地的氧化沟污水厂在冬季时仍能正常运转。

曝气生物滤池一旦挂膜成功，可在 6~10 ℃水温下运行，并具有良好的运行效果。

对气候条件的适应能力指标可用处理技术对温度的适宜范围来定量。如 CASS 对温度的适应范围为 -5~20 ℃，则用 25 ℃来定量。数值越大越好。

4.4.2 经济指标分析

污水处理厂的费用包括建厂的一次性投资和建成后的运行成本两部分。项目建设的一次性投资的大小并不直接决定运行成本，但可以对运行费用起很大的影响和作用。建设投资费用主要包括土地（厂址和搬迁安置）费用、直接建设和安装工程费用、设备费用、管理费用等。运行费用包括人工费、电力和运输费、药剂费、维护费等。与污水处理厂建设有关的经济因素及影响因素，见表 4-6。

表 4-6　与污水处理厂建设有关的经济因素及影响因素

经济因素	影响因素
设备、安装	工艺复杂程度、设备集约化程度、设备效率和先进性
建筑	工艺选择与参数确定、构筑物体积、数量
土地面积	工艺类型、设备能力、设计布置
能源	工艺流程、设备效率、曝气时间、污泥产量
运输	污泥产量、药剂等
药剂	价格、使用周期、技术有无垄断、有效性
维护、管理	自动化程度、人工量、建筑物质量、设备与安装质量

污水处理厂的经济费用分析具体如下：

4.4.2.1 工程投资

1. 投资费用函数形式

费用函数是用数学表达式来描述工程费用的一种方式，它的建立要求反映客观的经济规律，同时具有一定的精确度，形式简明，建立在足够的工程费用资料的基础上。

据研究，污水处理厂基建费用可以用幂函数形式表示为

$$C_i = \frac{kQ_i^m\left(\dfrac{S_0}{S_e}\right)^n}{\eta} \tag{4-1}$$

式中：C_i——污水处理厂基建费用，万元；

Q_i——污水处理厂规模，万 m^3/d；

S_0——进水基质浓度，mg/L；

S_e——出水基质浓度，mg/L；

η——基质去除率；

k、m、n——系数。

当对各污水处理技术进行比较时，一般假设 S_0、S_e、η 在各种情况下相同，则上式

简化为

$$C_i = \alpha Q_i^{\beta} \tag{4-2}$$

2. 各污水处理技术费用函数的建立

1）费用资料的选取：国内现有的给水排水工程费用资料主要有《给水排水工程概预算》《室外给水排水工程技术经济指标》《市政工程技术经济指标》《城市基础设施工程投资估算指标》《给水排水工程概预算与经济评价手册》《给水排水设计手册（第10册）》《市政工程投资估算指标》等。

为了建立城市污水处理技术费用函数，采用重庆市的费用定额，主要有：《全国统一建筑工程基价定额重庆市基价表》《重庆市市政工程预算定额》《全国统一建筑工程基础定额重庆市基价表》《重庆市建设工程费用定额》《重庆市建筑安装材料预算价格》，并考虑涨价因素。

主要原材料价格为：水泥 320 元/t；钢材 4 450 元/t；木材 1 650 元/m³；毛石 65 元/m³；石粉 60 元/m³；碎石 55 元/m³；电价 0.58 元/度。

按取定价格与《全国市政工程投资估算指标》所选 1996 年北京价格进行换算，以确定造价综合指标。

（2）各处理技术投资费用函数的建立：根据投资估算可得出各污水处理技术在不同污水规模下对应的投资额度，详见表4-7。单位投资与处理规模之间的关系见表4-8。

表 4-7　各污水处理技术投资（单位：万元）估算一览表

污水处理技术	污水处理规模（万 m³/d）							
	0.1	0.2	0.3	0.4	0.5	1	1.5	2
	单位投资（元/m³）							
OD	717.16	995.27	1 205.58	1 381.24	1 490.90	2 117.99	2 580.30	2 996.59
A2O	573.15	863.99	1 098.43	1 302.42	1 486.38	2 240.63	2 848.62	3 377.62
CASS	648.79	876.32	1 044.80	1 183.64	1 303.92	1 761.19	2 099.80	2 378.83
BAF	529.72	813.77	1 046.10	1 250.15	1 435.45	2 205.18	2 834.76	3 387.68

表 4-8　各污水处理单位投资（单位：元/m³）与处理规模之间的关系

污水处理技术	污水处理规模（万 m³/d）							
	0.1	0.2	0.3	0.4	0.5	1	1.5	2
	单位投资（元/m³）							
OD	7 171.58	4 976.36	4 018.61	3 453.09	3 069.85	2 130.17	1 720.20	1 478.13
A2O	5 731.53	4 319.96	3 661.45	3 256.04	2 972.76	2 240.63	1 899.08	1 688.81
CASS	6 487.94	4 381.61	3 482.68	2 959.11	2 607.84	1 761.19	1 399.87	1 189.42
BAF	5 297.18	4 068.86	3 487.01	3 125.37	2 870.89	2 205.18	1 889.84	1 693.84

3. 结果分析

从回归分析得出的几种费用函数形式来看，幂函数形式拟合度较高，这也符合 $C_i = \alpha Q_i^\beta$ 的结构形式。费用函数反映了单位投资与处理水量之间的关系，随着处理规模的增加，单位水量投资也相应减少，也体现了规模效应。由于小城镇可处理的污水量较少，规模效应难以发挥，处理规模低于 1 万 t 时，吨水投资一般在 2 000 元以上，当处理规模在 1 万~2 万 t 时，吨水投资才能降至 2 000 元以下，但仍较高，高于城市污水处理厂吨水投资，因此，小城镇兴建污水厂应完善污水收集管网，提高污水收集率，最大程度地发挥规模效应。

4.4.2.2 处理成本

1. 年运行成本的构成

年运行费用 = 电费 + 药剂费 + 大修及检修维护费 + 其他费，其各项的费用函数关系式如下：

（1）动力费 E_1：动力费就是电费，它主要包括水泵、空压机或鼓风机及其他机电设备的电费。

动力费计算公式：

$$E_1 = 8\,760Nd/k \tag{4-3}$$

式中：E_1——年总耗电费用，元；

   N——水泵、空压机或鼓风机及其他机电设备的功率总和（不包括备用设备），kW；

   k——污水量总变化系数；

   d——电费单价，元/（kW·h）。

（2）药剂费 E_2：药剂包括混凝剂、助凝剂、消毒剂等，助凝剂一般选用高分子有机物，如聚丙烯酰胺（PAM），用来强化混凝。

药剂费计算公式：

$$E_2 = 365Q\left(\sum_{i=1}^{n}\frac{a_i b_i}{1\,000}\right) \tag{4-4}$$

式中：E_2——年总药剂费用，元；

   Q——处理水量，万 m^3/d；

   a_i——第 i 种药剂的单价，元/kg；

   b_i——第 i 种药剂的投加量，mg/L。

（3）工资福利费 E_3：

E_3 = 职工每人每年的平均工资及福利费×职工定员

（4）固定资产基本折旧费 E_4 和大修理费 E_5：

E_4 = 固定资产原值×综合基本折旧率

E_5 = 固定资产原值×大修理费率

（5）无形资产和递延资产摊销费 E_6：

E_6 = 无形资产和递延资产值×年摊销率

（6）日常检修维护费 E_7：

E_7=固定资产原值×检修维护费率（一般按1%提取）

（7）其他费用 E_8：其他费用包括管理部门的办公费、租赁费、保险费、差旅费、研究试验费、会议费、成本中列支的税金及其他不属于以上项目的支出等。可按以上各项总和的一定比率计算。根据给排水工程设施的统计分析资料，其比率一般可取15%。

（8）流动资金利息支出 E_9：

E_9=（流动资金总额−自有流动资金）×流动资金借款年利率

经营期内借款的利息支出也应计入总成本费用。

2. 处理成本费用函数的建立

经计算，各污水处理技术在不同污水处理规模下的年运行成本，见表4-9。

表4-9 各污水处理技术年运行成本（单位：万元）一览表

污水处理技术	污水处理规模（万 m³/d）							
	0.1	0.2	0.3	0.4	0.5	1	1.5	2
	单位投资（元/m³）							
OD	76.95	113.94	143.35	168.71	191.43	283.46	356.62	419.72
A2O	62.24	94.55	120.75	143.63	164.33	249.62	318.79	379.20
CASS	86.28	115.45	136.88	154.47	169.65	226.99	269.15	303.72
BAF	57.21	87.95	113.10	135.20	155.27	238.67	306.93	366.89

单位运行成本与处理规模之间的关系见表4-10。

表4-10 各污水处理单位运行成本（单位：元/m³）与处理规模之间的关系

污水处理技术	污水处理规模（万 m³/d）							
	0.1	0.2	0.3	0.4	0.5	1	1.5	2
	单位投资（元/m³）							
OD	2.11	1.56	1.31	1.16	1.05	0.78	0.65	0.57
A2O	1.71	1.30	1.10	0.98	0.90	0.68	0.58	0.52
CASS	2.36	1.58	1.25	1.06	0.93	0.62	0.49	0.42
BAF	1.5	1.20	1.03	0.93	0.85	0.65	0.56	0.50

3. 结果分析

从得出的几种费用函数形式来看，幂函数形式拟合度较高，因此，单位运行成本费用函数也采用幂函数的形式。该费用函数反映了单位运行成本与处理水量之间的关系，随着处理规模的增加，吨水运行成本也相应减少，也与投资的规模效应相似。由费用函数可知，西部小城镇污水处理厂吨水运行成本一般在0.7元左右，低于中东部小城镇污水处理厂的运行成本，这与西部小城镇电费相对便宜，经济水平不高，劳动力成本低有关。

4.4.2.3 占地面积

《水工业工程设计手册 废水处理及再用》中规定：城市污水处理厂占地面积指标为 0.08~1.2 ha/（万 t·d），绿化率大于 30%。若西部小城镇仍采用该指标，势必会增加征地费及相关费用，由于西部小城镇大多紧靠农村，污水处理厂应充分利用这一条件，适当降低占地和绿化率指标。

占地面积指标可采用各处理技术的占地面积的相对比例来进行定量。

4.4.3 环境指标分析

4.4.3.1 污泥产量

污水处理过程产生的污泥有栅渣、沉砂池排渣和一沉池、二沉池排泥等。一沉池排出的污泥为生污泥，二沉池排出的为活性污泥。污泥处理的目的主要是减容和稳定化。减容处理主要是通过浓缩、脱水处理，浓缩是采用不同形式的浓缩池降低污泥的含水率，脱水主要是利用带式脱水机、卧式螺旋脱水机等将污泥进一步脱水。

未经稳定的污泥因有机物含量高，极易腐败发臭，尤其是初沉池的污泥，含有大量的病菌、病毒、寄生虫卵，易造成生物性污染和疾病传播。可见，污泥产量越少，对环境的影响越小。

目前氧化沟工艺的实际运行控制泥龄（STR）为 2~3 d，污泥产量较低，每降解 1 kg COD，只产生 0.1~0.2 kg 污泥（按污泥干重量计），而且污泥性能稳定，不需进行消化处理。

CASS 工艺泥龄在 15~20 d，污泥氧化完全，稳定性好，沉降性能好，产生的剩余污泥少。去除 1 kg BOD，约产生 0.6 kg 剩余污泥。由于污泥在曝气池中已得到消化，剩余污泥的耗氧速率在 10 mgO_2/（g mlss·h）以下，所以不需要再经消化处理。

A2O 工艺的泥龄为 15~20 d，SVI 一般为 70~90 mL/g，污泥沉降性能较好。污泥产率为 0.64 kg mlss/kg BOD_5。

BAF 工艺产泥量较大，污泥稳定性稍差。

4.4.3.2 运行影响

污水处理厂的处理设施在污水污泥处理过程中会产生臭气和其他有害气体，如不处理会对环境和人体健康造成危害。处理厂的臭气主要来源于格栅间、污泥处理、厌氧处理和曝气池等，除了臭气物质以外，还有甲烷、挥发性有机物等。

美国、日本等发达国家对污水处理厂的臭气都有控制标准，我国已制定恶臭控制标准。

因此，应选择产生臭味少、运行噪声小的污水处理技术。

CASS 工艺可通过采用水下曝气机代替鼓风机曝气方式进行曝气，可极大地降低污水处理厂的噪声。对 CASS 池加盖，可有效控制污水处理过程中产生的臭气。

BAF 可加盖运行，产生的臭气和噪声较小。

A2O 和氧化沟工艺均敞开运行，面且均有厌氧段，产生的臭气较大。A2O 采用鼓风曝气，氧化沟采用转碟曝气，噪声较大，对环境均有一定程度的影响。

4.4.4　中小城镇污水处理技术评价指标体系的建立

根据前节的讨论，我们可建立中小城镇污水处理技术评价指标体系，见表 4-11。

表 4-11　中小城镇污水处理技术评价指标

一级指标	二级指标	三级指标	备注
经济	工程投资		
	运行费用		
	占地面积		
技术	有机物及悬浮物去除率	BOD_5	
		COD_{Cr}	
		SS	
	脱氮除磷效果	TN	
	抗冲击负荷能力	抗水力冲击负荷	
		抗污染物冲击负荷	
	运行管理	自动化程度	
	技术成熟性		
	分期建设性能		
	对气候条件的适应能力		
环境	污泥产量		
	运行影响	气味	
		噪声	

4.5　中小城市污水处理回用技术综合评价分析

4.5.1　基于模糊积分的中小城镇污水处理回用技术综合评价

中小城镇污水处理回用技术评价中涉及的因素很多，且因素之间还存在着不同的层次，而模糊积分计算只能在同级指标之间进行，若直接对整个指标体系进行综合评价，只能涉及第一级指标，二、三级指标就可能被"淹没"，对评价结果产生不了效果，从而影响评价结果的准确性。因此，城市污水处理技术综合评价有必要采用分层模糊积分模型来进行。

城市污水处理技术评价包含三级指标，因此，采用三层模糊积分模型进行评价。评价过程如下：

4.5.1.1　备择对象的选择

选取备择对象 $V = \{V_1, V_2, V_3, V_4\}$，$V_i(i = 1, 2, 3, 4)$ 分别代表 A2O、OD、CASS、BAF 四种污水处理技术方案。

4.5.1.2 指标值及隶属度的计算

1. 指标取值

各技术方案指标取值见表4-12。

表4-12 各技术方案指标取值

序号	指标	A2O	OD	CASS	BAF
1	工程投资（万元）	1 120.315	1 065.086	6 880.597	1 102.592
2	运行费用（万元/a）	124.812	2 141.730	113.497	119.337
3	占地面积（ha）	0.415	0.325	0.295	0.255
4	BOD$_5$ 去除率（%）	93.5	91.5	92.5	90.0
5	COD$_{Cr}$ 去除率（%）	91.0	91.3	90.0	82.0
6	SS 去除率（%）	95.0	90.5	96.0	85.0
7	TN 去除率（%）	80.3	81.8	91.0	91.0
8	TP 去除率（%）	96.0	88.2	82.5	70.0
9	抗水力冲击负荷	0.75	1.0	0.75	0.55
10	抗污染物冲击负荷	0.55	0.75	0.55	1.0
11	自动化程度	0.55	0.55	1.0	1.0
12	工艺复杂程度	1.0	1.0	0.55	0.75
13	技术成熟性能	70	50	75	81
14	分期建设性能	0.75	0.75	1.0	1.0
15	对气候条件的适应能力	26	35	26	5
16	污泥产量	0.64	0.15	0.66	1.0
17	气味	0.5	0.5	0.75	1.0
18	噪声	0.5	0.5	0.75	1.0

根据小城镇污水量情况，本次评价取污水处理规模为 5 000 m³/d 较适宜。根据第4章对评价指标的分析结果，并对定性指标的处理办法，可得出中小城镇污水处理技术备选方案各项因素（指标）值，见表4-12。

2. 隶属度的计算

对于小城镇污水处理技术评价指标，有的指标取值越大效用越好，而有的指标取值越大则效用越差。我们把某种因素对系统影响的好坏程度叫作隶属度。

隶属度计算按如下方法进行：

（1）理想值 S_i 的选取：对于数值越大效用越好的因素，取各方案中最大值作为理想值，如 BOD$_5$ 去除率，取93.5%作为理想值；对于数值越大效用越差的因素，取各方案中最小值作为理想值，如工程投资，取880.597作理想值。

（2）隶属度 $h(I)$ 仍按下式计算：

当 $0<I\leq 1$ 时，$h(I)=1$；

当 $I>1$ 时，$h(I)=e^{-(I-1)}$。

其中：当实际值 C_i 越大，效用越差时，$I_i=C_i/S_i$；

当实际值 C_i 越大，效用越好时，$I_i = S_i / C_i$。

指标的隶属度值介于 [0, 1] 之间，取值越接近 1，隶属度越大；反之，取值越小则隶属度越小。

4.5.1.3　模糊测度（指标权重）

设一层指标集为 $U = \{U_1, U_2, U_3\}$，二层指标集为 $B = \{B_1, B_2, \cdots, B_i\}$ $(i = 1, 2, \cdots, (n))$，三层指标集为 $C = \{C_1, C_2, \cdots, C_i\}$ $(i = 1, 2, \cdots, n)$，各指标含义及模糊测度见表 4-13。

表 4-13　各指标含义及模糊测度

一层指标	二层指标	三层指标	模糊测度
经济 U_1			0.657
	工程投资 B_1		0.480
	运行费用 B_2		0.356
	占地面积 B_3		0.164
技术 U_2			0.233
	主要污染物去除率 B_4		0.351
		BOD_5 去除率 C_1	0.434
		COD_{Cr} 去除率 C_2	0.346
		SS 去除率 C_3	0.220
	脱氮除磷 B_5		0.211
		TN 去除率 C_4	0.606
		TP 去除率 C_5	0.394
			0.157
		抗水力冲击负荷 C_6	0.423
		抗污染物冲击负荷 C_7	0.577
	运行管理 B_6		0.124
		自动化程度 C_8	0.658
		工艺复杂程度 C_9	0.342
	技术成熟性 B_7		0.057
	分期建设性能 B_8		0.043
	对气候条件的适应能力 B_9		0.058 88
环境 U_3			0.110
	污泥产量 B_{10}		0.686
	运行影响 B_{11}		0.314
		气味 C_{10}	0.537
		噪声 C_{11}	0.463

4.5.1.4 综合评价值的计算

以备择对象 V_1（A2O）的综合评价值的计算为例来说明计算过程。

1. 第三层指标的评价值计算

V_1（A2O）的 B_4 指标（有机物及悬浮物去除率）评价值 E_{21}（下标 2 表示一级指标中的技术指标，下标 1 表示技术指标下的第一个二级指标）的计算如下：

B_4 下包含三个三级指标 C_1（BOD 去除率）、C_2（COD_{Cr} 去除率）、C_3（SS 去除率），其隶属度分别为 1、0.997、0.990，按隶属度由大到小排列为 $C_1 > C_2 > C_3$，对应的权重（模糊测度）分别为 0.434、0.346、0.220。于是可计算出评价值：

$E_{21} = 1 \times 0.434 + 0.997 \times (0.434 + 0.346) + 0.990 \times (0.434 + 0.346 + 0.220) = 2.201$

同理可计算出：

V_1 的 B_5 评价值 $E_{22} = 1.269$，V_1 的 B_6 评价值 $E_{23} = 0.671$，V_1 的 B_7 评价值 $E_{24} = 0.710$。

2. 第二层指标的评价值计算

V_1（A2O）的 U_1 指标（经济）评价值计算同第三层指标评价值计算相同，可求得评价值为 $E_1 = 1.493$。

V_1（A2O）的 U_2 指标（技术）评价值 E_2 的计算：

U_2 下包含七个二级指标 B_4（有机物及悬浮物去除率）、B_5（脱氮除磷）、B_6（抗冲击负荷能力）、B_7（运行管理）、B_8（技术成熟性）、B_9（分期建设性能）、B_{10}（对气候条件的适应能力）。以三级指标的评价值作为二级指标的隶属度（无三级指标的除外），则各指标的隶属度分别为 2.201、1.269、0.671、0.710、0.855、0.717、0.707，按隶属度由大到小排列为 $B_4 > B_5 > B_8 > B_9 > B_7 > B_6 > B_{10}$，对应的权重（模糊测度）分别为 0.351、0.21、0.057、0.043、0.124、0.058、0.157。于是计算出评价值及 E_2 为 0.431 1。

同理可计算出 V_1 的 U_3 评价值 $E_3 = 0.216$。

3. 第一层指标的评价值（综合评价值）计算

以第二层指标的评价值作为隶属度，计算出 V_1 的综合评价值 $E_0^1 = 3.497$。

采用同样方法可计算出其他备择对象的综合评价值：

备择对象 V_2 的综合评价值 $E_0^2 = 3.976$

备择对象 V_3 的综合评价值 $E_0^3 = 3.474$

备择对象 V_4 的综合评价值 $E_0^4 = 2.792$

根据综合评价值，可得 4 种污水处理技术方案的排序为：

$V_2 > V_1 > V_3 > V_4$，即氧化沟综合评价值最高，其次是 A2O、CASS，最后是 BAF。

4.5.2 小城镇污水处理技术综合评价分析

各备选方案的部分因素评价值汇总于表 4-14 中。

表 4-14　备选方案的部分因素评价值

层次	V_1	V_2	V_3	V_4
	评价值			
有机物及悬浮物去除率 B_4	2.201	2.050	2.069	1.535
脱氮除磷 B_5	1.269	1.254	1.455	1.296
抗冲击负荷能力 B_6	0.671	1.140	0.671	1.296
运行管理 B_7	0.710	0.710	1.026	1.375
运行影响 B_{12}	0.565	0.565	1.101	1.537
经济 U_1	1.493	1.801	2.171	1.435
技术 U_2	4.311	4.812	4.918	4.416
环境 U_3	0.216	1.251	0.396	0.486
综合评价值 E_0	3.497	3.976	3.474	2.793

从表 4-14 可看出，对有机物及悬浮物去除率评价值排序为 $V_1 > V_3 > V_2 > V_4$，但 A2O、OD、CASS 的评价值较接近，而 BAF 评价值较低。

对脱氮除磷评价值排序为 $V_3 > V_4 > V_1 > V_2$，实际上各方案评价值均接近，虽然 BAF 的除磷效果差，但其脱氮效果尚可，因此，其评价值并不低。

对抗冲击负荷能力评价值排序为 $V_4 > V_2 > V_1 > V_3$，可见，BAF 和 OD 的抗冲击负荷能力较强，实际上 CASS 抗冲击负荷能力也较强，出现其评价值偏低与定性评价取值不够准确有关，如 CASS 的抗水力冲击负荷和抗污染物冲击负荷的取值为 0.75 和 0.5，而 BAF 与 OD 这两项指标值分别为 0.5 和 1，0.75 和 1。若提高 CASS 这两项指标的取值必然会使其评价值升高。

对运行管理评价值排序为 $V_4 > V_3 > V_1 > V_2$，BAF 与 CASS 运行管理较易实现自动控制，而且工艺流程复杂程度一般，因此其评价较高。而与 OD 自动控制简单，在生产过程中需自动控制与人工操作同时进行，并要根据运行情况及时通过人工进行参数调整，才能达到较好的处理效果。这也是其评价值偏低的原因。

对运行影响评价值排序为 $V_4 > V_2 > V_1 > V_3$，由于 BAF 与 CASS 可加盖，主要曝气部分一般置于水下，因此产生的噪声和臭气较小，评价值也就高。

对经济评价值排序为 $V_3 > V_2 > V_1 > V_4$，可见，CASS 经济优势较大，这与 CASS 工艺流程简单、不需二沉池、占地较少等有关。

对技术评价值排序为 $V_3 > V_2 > V_4 > V_1$，由于技术指标包含的因素较多，其综合性也较强，波动性也较大，但基本反映了实际情况。

对环境评价值排序为 $V_2 > V_4 > V_3 > V_1$，OD 的评价值较高与其产生的污泥量较少有关。

从综合评价值来看，中小城镇污水处理技术应优先考虑氧化沟技术，CASS 和 A2O 也较适宜，但一般不考虑 BAF 技术，BAF 通常在污水回用时作为深度处理工艺采用较多。BAF 综合评价值低的原因主要与一些权重大的指标评价值低有关，如有机物及悬浮物去除率指标评价值为 1.535，明显低于其他几项技术。

如果不考虑环境指标，则各技术方案的综合评价值将为

$E_0^1 = 2.622$；$E_0^2 = 3.062$；$E_0^3 = 3.460$；$E_0^4 = 2.592$

综合排序为：$V_3 > V_2 > V_1 > V_4$，可见，排序发生了变化，CASS 由第三位上升为第一位，OD 退居第二位，这是因为 CASS 在经济和技术两方面的指标都具有优势。本评价认为，小城镇污水处理技术应在 CASS 与 OD 之间进行选择，具体选择何种污水处理，还需结合小城镇的实际情况再进行调整。

4.6 中小城市污水处理回用调控技术措施研究

4.6.1 具有脱氮除磷功能的污水处理工艺仍是今后发展的重点

《城镇污水处理厂污染物排放标准》（GB 18918—2002）对出水氮、磷有明确的要求，因此已建城镇污水处理厂需要改建，增加设施去除污水中的氮、磷污染物，达到国家规定的排放标准，新建污水处理厂则须按照标准 GB 18918—2002 来进行建设。目前，对污水生物脱氮除磷的机理、影响因素及工艺等的研究已是一个热点，并已提出一些新工艺及改革工艺，如 MSBR、倒置 A2O、UCT 等，并且积极引进国外新工艺，如 OCO、OOC、AOR、AOE 等。对于脱氮除磷工艺，今后的发展要求不仅仅局限于较高的氮磷去除率，而且也要求处理效果稳定、可靠，工艺控制调节灵活，投资运行费用节省。目前，生物脱氮除磷工艺正是向着这一简洁、高效、经济的方向发展。

4.6.2 今后污水处理厂的首选工艺

我国是一个发展中国家，经济发展水平相对落后，而面对我国日益严重的环境污染，国家正加大力度来进行污水的治理，而解决城市污水污染的根本措施是建设以生物处理为主体工艺的二级城市污水处理厂。但是，建设大批二级城市污水处理厂需要大量的投资和高额运行费，这对我国来说是一个沉重的负担。而目前我国的污水处理厂建设工作，则因为资金的缺乏很难开展，部分已建成的污水处理厂由于运行费用高昂或者缺乏专业的运行管理人员等原因而一直不能正常运行，因此对高效率、低投入、低运行成本、成熟可靠的污水处理工艺的研究是今后的一个重点研究方向。

4.6.3 适用于中小城镇污水处理厂工艺

发展小城镇是我国城市化过程的必由之路，是具有中国特色的城市化道路的战略性选择。1978～2000 年我国建制镇由 2 178 个增至 20 312 个，目前各种规模和性质的小城镇已近 48 000 个。如果只注重大中城市的污水处理工程的建设，而忽视如此多的小城镇的污水治理，则我国的污水治理也不能达到预定目标。而对于小城镇的污水处理又面对着一系列的问题：小城镇污水的特点不同于大城市，小城镇资金短缺；运行管理人员缺乏等。因此，小城镇的污水处理工艺应该是基建投资低、运行成本低、运行管理相对容易、运行可靠性高。目前对适用于小城镇污水处理厂工艺的研究方向是：从现有工艺中遴选出适合小城镇污水处理厂的工艺，同时开发出适用于小城镇污水处

理厂的新工艺。

4.6.4 产泥量少且污泥达到稳定的污水处理工艺

目前，污水处理厂所产生的污泥的处理也是我国污水处理事业中的一个重点和难点，2003 年中国城市污水厂的总污水处理量约为 95.956 2 亿 m^3/a，城市平均污水含固率为 0.02%，则湿污泥产量为 965.562 万 t/a，并且污泥的成分很复杂，含有多种有害有毒成分，如此产量大而且含有大量有毒有害物质的污泥如果不进行有效处理而排放到环境中去，则会给环境带来很大的破坏。目前我国污泥处理的现状不容乐观：据统计，我国已建成运行的城市污水处理厂，污泥经过浓缩、消化稳定和干化脱水处理的污水厂仅占 25.68%，不具有污泥稳定处理的污水厂占 55.70%，不具有污泥干化脱水处理的污水厂约占 48.65%。这说明我国 70% 以上的污水厂中不具有完整的污泥处理工艺。

而对此问题进行解决的一个有效办法是：污水处理厂采用产泥量少且污泥达到稳定的污水处理工艺，这样就可以在源头上减少污泥的产生量，并且可以得到已经稳定的剩余污泥，从而减轻了后续污泥处理的负担。目前，我国已有部分工艺可做到这一点，如生物接触氧化法工艺、BIOLAK 工艺、水解–好氧工艺等，但是对产泥量少且污泥达到稳定的污水处理工艺的系统研究还没有开始。

4.6.5 系统规划，统筹安排

由于城镇污水处理系统中的污水收集管网多沿城市道路敷设，所以污水收集系统规划应与城镇综合交通体系规划中的道路布局和宽度相协调。交通工程规划是为了合理解决城镇内部货物和人的运送问题、满足城镇居民正常出行需求，可以说是根据城镇和人的需求来规划道路的，而城镇污水处理厂布局规划是依据污水来规划的，具有比交通规划更大的变通性。当规划道路确定后，污水处理系统可以根据规划道路选择最优污水处理系统布置方案，而当污水处理厂布局规划先于道路规划设计时，会造成诸如道路反复开挖、污水处理系统工程反复施工修改等问题。

作为城镇基础设施规划中的一部分，污水处理厂布局规划必然要与其他有关城市建设的相关专业规划之间相互协调。研究认为，与其他专业规划之间协调的原则不是以先规划好的为依据，而是以已经施工的为依据，以已经规划好而未施工的为参考。与污水处理厂布局规划关系最密切的是土地利用规划、交通规划、给水规划等。

土地利用规划决定了当地的土地利用类型，对于污水处理厂布局规划来说，也就是明确规定了哪些地方可以建污水厂，哪些地方不可以，即污水处理厂布点规划受到限制。

4.6.6 现代先进技术与环保工程的有机结合

现代先进技术，尤其是计算机技术和自控系统设备的出现和完善，为环保工程的发展提供了有力的支持。目前，国外发达国家的污水处理厂大都采用先进的计算机管理和自控系统，保证了污水处理厂的正常运行和稳定的合格出水，而我国在这方面还比较落后。计算机控制和管理也必将是我国城市污水处理厂发展的方向。

第5章 城市污水处理回用工艺技术集成及其合理选择

5.1 目标任务和工艺技术集成的原则、步骤

5.1.1 目标任务

城市污水处理回用技术的研究，为我国城市污水处理回用技术集成体系的建立和推广奠定了基础，对城市污水处理回用技术集成体系的发展前景进行评估分析和科学预测。

通过研究，确定城市污水处理回用技术的基础技术、核心技术和相关技术，并对之进行集成化，形成系统的城市污水处理回用技术，为今后城市污水处理回用技术的推广奠定基础。

5.1.2 原则

（1）系统化。通过技术集成，使原来分散的、不相关的工艺技术成为系统的、相互配合的、形成一个整体的工艺系统。

（2）整体优化。形成一个污水处理回用的有机整体，而不是断续的、不连接的技术。

（3）功能匹配性。技术集成后，使得各单项技术工艺相互匹配，互相取长补短。

（4）动态原则。工艺技术因地制宜，根据季节变化和地理位置变化而采取不同方案。

（5）易理解、易操作性。

5.1.3 步骤

在技术集成准备阶段，要明确围绕基础技术、核心技术和相关技术的范围和方向开展工作。

在确定和选择了彼此联系、相互制约的基础技术、核心技术并使之整体优化后，技术集成的方案基本形成。

技术集成的步骤：

（1）有效的技术评估。

（2）确定基础技术。

（3）确定核心技术。

（4）选择相关技术。

5.2 国内外城市污水处理回用技术集成分析

5.2.1 典型城市的技术集成情况

2010 年以来，开展了典型城市污水处理回用工艺技术调研，部分典型城市污水处理回用工艺技术调研如表 5-1 及表 5-2 所示。

表 5-1 北京市部分再生水厂的集成工艺

厂名	建设规模（万 m³/d）	运营		集成工艺
		回用对象	出水水质	
北小河再生水厂	6	景观杂用	GB/T 18920—2002 GB/T 19921—2002	膜生物反应器+反渗透
水源六厂再生工程	17	杂用工业	GB/T 18920—2002 GB/T 18921—2002	机械加速澄清+砂滤+消毒
华能热电厂再生水厂	4	工业杂用	GB/T 18920—2002 GB/T 19923—2005	机械搅拌加速澄清池+消毒
卢沟桥再生水厂	8	景观杂用工业	GB/T 18921—2002 GB/T 19923—2005 GB/T 18920—2002	曝气生物滤池
清河再生水厂	8	景观	GB/T 18920—2002	超滤+消毒

表 5-2 天津市部分再生水厂的集成工艺

厂名	建设规模（万 m³/d）	运营		集成工艺
		回用对象	出水水质	
纪庄子再生水厂	6	杂用工业	GB/T 18920—2002 GB/T 19923—2005	居住区段 CMF+臭氧工艺；工业区段超滤+反渗透+消毒
咸阳路再生水厂	5	杂用工业景观	GB/T 18920—2002 GB/T 18921—2002 GB/T 19923—2005	混凝沉淀+CMF-S+部分反渗透+臭氧
北塘再生水厂	4.5	工业杂用	GB/T 18920—2002 GB/T 19923—2005	超滤+反渗透
开发区再生水厂	4	景观杂用工业	GB/T 18920—2002 GB/T 18921—2002 GB/T 19923—2005	连续微滤膜+反渗透

5.2.2　国内外技术集成特点分析

（1）国外多以城市污水二级处理出水作为再生水源，集成工艺采用先进的设备，城市污水处理回用途径更加宽广，注重单元技术集成的重要性。

（2）国内城市各地区经济社会发展不平衡，给技术集成工作造成困难，各地的技术集成多针对不同回用途径进行。

5.3　我国污水处理回用单元技术剖析

5.3.1　预处理技术

预处理技术主要包括混凝、沉淀、微絮凝等单元技术。

（1）混凝：采用混凝法去除颗粒度在 $1 \sim 100\ \mu m$ 的部分悬浮液和胶体溶液。

（2）沉淀：去除悬浮颗粒和微絮凝体；有效去除悬浮物、浊度、BOD、COD、磷、重金属、细菌、病毒。

（3）微絮凝：和砂滤联用，去除悬浮颗粒和微絮凝体，浊度、色度和磷，适合二级出水悬浮物含量较低的情况。

5.3.2　主体处理技术

（1）过滤技术。在污水深度处理技术中，过滤技术是应用最为广泛的一种技术。经二级处理的出水通过颗粒滤料（石英砂、无烟煤、活性炭等）或纤维滤料等材料将水中的悬浮杂质截留到滤层上，使水澄清。过滤可以作为二级出水再生处理流程中的一个单元，也可以作为回用前的关键步骤之一。

过滤技术达到的主要目的：①去除化学沉淀或生物处理过程中未能沉降的悬浮颗粒和微絮凝体；②去除悬浮物、浊度、BOD、COD、磷、重金属、细菌、病毒等物质；③提高消毒效率，降低消毒剂用量；④当作为其他单元技术的预处理技术时，能减少有机物负荷，提高处理效率；⑤提高化学处理或生化处理后出水水质可靠性，保证处理厂连续操作。

（2）生物处理技术。城市污水处理回用中常用的生物处理技术包括膜生物反应器（MBR）、曝气生物滤池（BAF）、生物活性炭滤池和生物陶粒滤池。

1）曝气生物滤池（BAF）：曝气生物滤池是在生物接触氧化和淹没式生物滤池工艺的基础上发展起来的一种生物处理新工艺。

BAF 技术集生物膜的强氧化降解能力和滤层的截留效能于一体，具有池容小、出水质量高、流程简单等优点。

BAF 技术目前已经广泛应用于城市污水再生回用，已成为一种经济、高效的污水二级、三级处理工艺。

2）膜生物反应器（membrane bioreactor，简称 MBR）：是高效膜分离技术与活性污泥法相结合的新型污水处理与回用工艺。应用 MBR 技术后，主要污染物去除率可达：

COD≥93%，悬浮物和浊度近于零，水质良好且稳定，可以直接回用，实现了污水资源化。

其优点是处理效率高、出水水质好；设备紧凑、占地面积小；易实现自动控制、运行管理简单。缺点是膜污染、工程投资较大、处理成本较高。

3）膜处理技术：通过利用特殊的有机高分子或无机材料制成的膜对混合物中各组分的选择渗透作用的差异，以外界能量或化学位差为推动力对双组分或多组分液体进行分离、分级、提纯和富积的技术。

与传统分离操作（如过滤、沉淀、混凝和离子交换等）相比较，无须投加任何药剂，处理后水质一般达到回用要求。但电耗大，处理成本较高，膜需定期清洗。

再生利用中常用膜分离技术包含微滤（MF）、超滤（UF）、反渗透（RO）等。

5.3.3　深度处理技术

（1）消毒技术：消毒是指通过消毒剂或其他消毒手段，杀灭水中致病微生物的处理过程。常用消毒剂有液氯、次氯酸、臭氧、紫外线、二氧化氯、氯胺等。

尽管氯价格便宜，但是氯消毒容易产生致癌物质，目前展开了对其他的消毒手段的研究，其中臭氧、紫外线、二氧化氯发生器等被认为是可代替氯的消毒剂。

（2）吸附技术：

1）活性炭吸附：活性炭水处理具有效果好，工作可靠，操作和管理简单，占地面积小，失效活性炭能再生等优点，但预处理要求高，价格昂贵。因此在城市污水处理回用中，活性炭主要用来去除废水中的微量污染物，以达到深度净化的目的。

2）电吸附（EST）：其技术特点是：耐受性好，核心部件使用寿命长，特殊离子去除效果显著，无二次污染，抗油类污染，操作及维护简便，运行成本低。

3）高级氧化技术：高级氧化技术包括 UV/O_3、H_2O_2/O_3、$UV/H_2O_2/O_3$、UV/O_3等。高级氧化技术的特点见表 5-3。

表 5-3　高级氧化技术的特点

高级氧化技术	技术特点
UV/O_3	建设投资大、运行费用高，但其在饮用水深度处理和难降解有机废水的处理中具有良好的应用前景
H_2O_2/O_3	在浑浊度较高的水中仍能运行良好
$UV/H_2O_2/O_3$	利用 UV、O_3 和 H_2O_2 将有机物氧化降解，目前美国已有商业运用
UV/O_3	与超声技术联用，是废水处理领域的研究热点技术

5.4　城市污水处理回用工艺方案技术集成

城市污水处理回用技术主要包括以下内容：①物化处理：包括混凝沉淀、过滤、砂滤、活性炭过滤、电解、离子交换、萃取法，以及用紫外线、氯气、二氧化氯或臭氧消毒等。②生物技术：主要包括接触稳定法、SBR、生物膜法、普通生物滤池、生物转盘、生物接触氧化法、生物流化床。③膜技术：主要包括反渗透、电渗析、微滤、超滤、纳滤、液膜分离、膜生物反应器（MBR）等。

采用单一的单元处理技术一般难以达到回用水的水质标准，因此城市污水处理回用需要多种工艺的有机组合，构成系统的多样化。

5.4.1 按处理方法分类

5.4.1.1 物理化学-生物技术集成

经过对各类方法的对比分析，得出物理化学-生物技术的集成方案见表5-4。

表5-4 物理化学-生物技术的集成方案

编号	集成方案	编号	集成方案
1	生物流化床+生物陶粒滤池+砂滤器+消毒	7	生物活性炭工艺+混凝过滤+消毒
2	生物接触氧化法+混凝沉淀+消毒	8	生物接触氧化+砂滤+活性炭吸附+消毒
3	曝气生物滤池（BAF）+消毒	9	二段式生物接触氧化+沉淀+过滤+消毒
4	两级生物接触氧化+消毒+纤维球过滤器	10	生物转盘+混凝沉淀+砂滤+消毒
5	生物转盘+过滤+砂滤+消毒	11	砂滤+生物活性炭+消毒
6	微絮凝过滤+生物活性炭滤池+消毒	12	生物陶粒滤池+混凝+纤维球过滤器+消毒

1. 曝气生物滤池（BAF）+消毒组合工艺

工艺流程如图5-1所示。

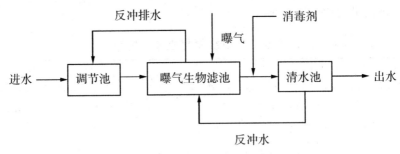

图5-1 曝气生物滤池（BAF）+消毒组合工艺

工艺特点：①具有占地少、处理效果好、投资费用低等优点。②在运行管理方面具有操作简单、挂膜时间短的优点。③对于较低浓度的污水，可缩短调试周期，短期内就能达到稳定的处理效果。④曝气生物滤池将过滤、生物吸附和生物氧化三合一，可同时起到普通曝气池、二沉池和砂滤池的作用。因此，同时，在资金允许的条件下，可采用PCL自动化控制，阀门采用电动阀，可减少运行人员数量，可以保证运行效果。

2. 微絮凝过滤+生物活性炭滤池+消毒

工艺流程如图 5-2 所示。

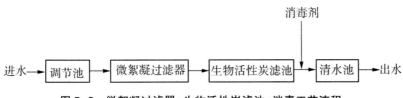

图 5-2　微絮凝过滤器+生物活性炭滤池+消毒工艺流程

工艺特点：①省去了沉淀池有时也省去反应池，因而具有基建投资少，占地面积小的优点，但其滤床容易堵塞，过滤周期相对缩短，因此，一般只适用较低浊度水的处理。②该组合工艺采用微絮凝过滤和生物活性炭滤池，通过生物活性炭的生物氧化和吸附作用去除水中的悬浮物、有机物以及氮磷等，出水进入清水池进而进入城市污水回用管网。

5.4.1.2　物理化学-膜技术集成

经过对各类方法的对比分析，得出物理化学-膜技术的集成方案见表 5-5。

表 5-5　物理化学-膜技术的集成方案

编号	技术类型	编号	技术类型
1	混凝沉淀+砂滤+超滤+消毒	5	石英砂过滤+精密过滤+中空纤维过滤+消毒
2	石灰澄清+空气吹脱+再碳酸化+过滤+活性炭吸附+反渗透+加氯消毒	6	混凝沉淀+超滤+反渗透+臭氧消毒
3	气浮+砂滤+反渗透	7	微滤+反渗透+离子交换
4	过滤+纳滤+消毒	8	微滤+反渗透膜+深度脱盐
5	沉淀+过滤消毒+超滤		

1. 微滤+反渗透膜+深度脱盐

工艺流程如图 5-3 所示。

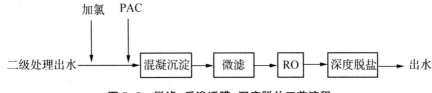

图 5-3　微滤+反渗透膜+深度脱盐工艺流程

该集成工艺采用膜技术作为主要处理工艺，出水水质较优。城市污水处理厂二级出水经加氯消毒并加入混凝剂后进入混凝沉淀池，沉淀后出水经过微滤、反渗透深度处理。

工艺特点：能有效去除水中残余的细小悬浮物、微生物、微粒、细菌、有机物、悬浮物、氨氮等。

2. 石灰澄清+空气吹脱+再碳酸化+过滤+活性炭吸附+反渗透+加氯消毒

工艺流程如图 5-4 所示。

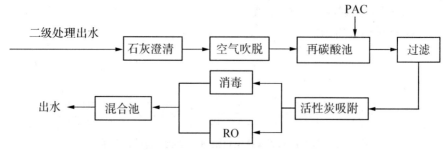

图5-4　石灰澄清+空气吹脱+再碳酸化+过滤+活性炭吸附+反渗透+加氯消毒工艺流程

该集成工艺采用了多项水处理单元技术，其中包括活性炭吸附、反渗透等多种深度处理单元技术。

工艺特点：出水水质要求达到饮用水标准，但工艺复杂，设备及基建投资大，运行成本高，建议在经济较发达地区应用该集成工艺。

3. 混凝沉淀+超滤+反渗透+臭氧消毒

工艺流程如图5-5所示。

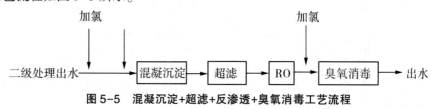

图5-5　混凝沉淀+超滤+反渗透+臭氧消毒工艺流程

该集成技术采用物化处理和膜技术，城市污水处理厂二级出水经加氯消毒后加入混凝剂，在混凝沉淀池中沉淀后进行超滤，进一步去除悬浮物等，降低水的浊度。随后出水经反渗透深度处理进一步提高出水水质，加氯消毒后进入臭氧接触池消毒。出水水质较优，工艺运行稳定可靠。

5.4.1.3　其他处理技术集成

其他处理技术集成方案见表5-6。

表5-6　其他处理技术集成方案

技术类型	其他几类处理技术集成方案
生物、膜技术集成	BAF+超滤+反渗透技术；MBR集成技术
物理化学、生物、膜技术集成	混凝+沉淀+生物活性炭滤池+消毒 絮凝+曝气生物滤池/滤布滤池+生物活性炭滤池+紫外消毒 混凝沉淀+过滤+生物活性炭工艺+精滤器+超滤 生物活性炭+超滤+反渗透
物理化学技术集成	石英砂过滤器+活性炭过滤器+消毒 机械加速澄清池+砂滤+消毒 超高效絮凝澄清器+石英砂过滤器+消毒
膜技术集成	微滤+反渗透+消毒 连续微滤+反渗透+消毒

1. BAF+超滤+反渗透技术

工艺流程如图 5-6 所示。

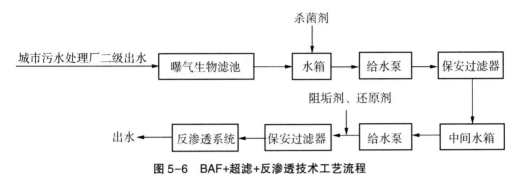

图 5-6　BAF+超滤+反渗透技术工艺流程

该集成技术采用曝气生物滤池（BAF）和双膜法的组合工艺，提高了出水水质。采用超滤（UF）作为反渗透的预处理，可完全满足反渗透系统进水水质的要求。

工艺特点：系统设计简单且出水水质稳定，不易受原水水质波动的影响。超滤还对水中的悬浮物、金属氧化物、胶体、有机物、细菌等有较好的去除效果。

2. MBR 技术集成

MBR 技术信成工艺流程如图 5-7 所示。

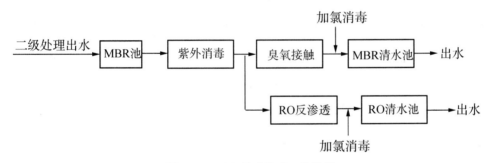

图 5-7　MBR 技术集成工艺流程

根据出水用途不同，还可灵活地将 MBR 和其他技术组合集成，如图中集成 RO 技术。该工艺具有流程短，所需设备少，占地面积小，COD 及 NH_3-N、菌类等污染物质的去除率高，剩余污泥量少，出水水质高等特点。

3. 物理化学-生物-膜技术集成

（1）絮凝+曝气生物滤池/滤布滤池+生物活性炭滤池+紫外消毒：工艺流程如图 5-8 所示。

该集成工艺水力负荷高，处理水量大，工艺简单，占地面积较小，但曝气生物滤池的管理维护较为复杂，适用于较大规模的城市污水处理回用工程。其中滤布滤池具有高效的处理污染物的作用，且维护管理简单，兼有投资运行成本低，占地面积小，运行管理费用低等特点。

（2）混凝沉淀+过滤+生物活性炭工艺+精滤器+超滤：工艺流程如图 5-9 所示。

该集成工艺出水可以作为工业循环水的补水，也可以用泵提升至精滤器，进一步过滤后进入中空超滤器，通过中空纤维超滤膜技术，进一步提高出水水质，超滤后出水可达到工业循环换热水及锅炉给水的水质标准。该工艺运行稳定，出水水质较优。

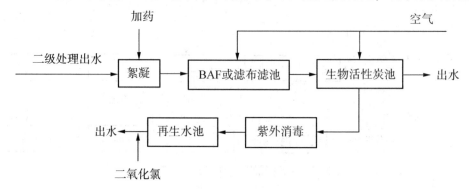

图5-8　絮凝+曝气生物滤池/滤布滤池+生物活性炭滤池+紫外消毒工艺流程

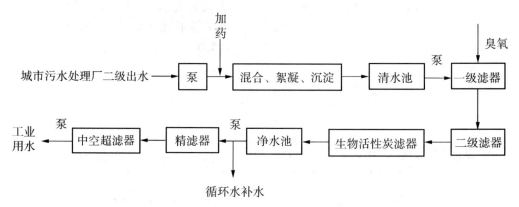

图5-9　混凝沉淀+过滤+生物活性炭工艺+精滤器+超滤工艺流程

5.4.2　按不同进水水质的技术集成分类

5.4.2.1　进水水质达到一级 A 标准

进水水质达到一级 A 标准的集成方案见表5-7。

表5-7　进水水质达到一级 A 标准的集成方案

编号	集成工艺	编号	集成工艺
1	混凝沉淀+消毒	7	石英砂过滤器+活性炭过滤器+消毒
2	机械加速澄清池+砂滤+消毒	8	超高效絮凝澄清器+石英砂过滤器+消毒
3	混凝沉淀+砂滤+超滤+消毒	9	石英砂过滤+精密过滤+中空纤维过滤+消毒
4	沉淀+过滤消毒+超滤	10	微滤+反渗透膜+深度脱盐
5	石灰澄清+空气吹脱+再碳酸化+过滤+活性炭吸附+反渗透+加氯消毒	11	混凝沉淀+超滤+反渗透+臭氧消毒
6	气浮+砂滤+反渗透	12	过滤+纳滤+消毒

城市污水处理厂二级出水达到一级 A 标准,水质较优,采用的后处理可省去生物处理单元,以采用物化处理为主;当要求出水水质更优时,可辅助以膜技术。

由于进水水质较优,采用物化处理作为深度处理工艺,处理后出水水质可达到对水质指标要求不高的回用水的标准,投资运行费用少,运行稳定可靠。

5.4.2.2　进水达到一级 B 标准

进水达到一级 B 标准的集成方案见表 5-8。

表 5-8　进水达到一级 B 标准的集成方案

编号	技术类型
1	MBR 技术集成工艺
2	混凝沉淀+过滤+生物活性炭工艺+精滤器+超滤
3	混凝+沉淀+生物活性炭滤池+消毒
4	生物活性炭+超滤+反渗透技术

1. MBR 集成技术

MBR 集成技术工艺流程如图 5-10 所示。

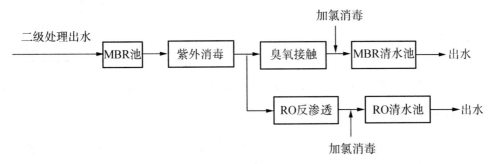

图 5-10　MBR 集成技术工艺流程

工艺特点:应用 MBR 技术后,主要污染物的去除率可达:COD ≥ 93%、SS = 100%。产水悬浮物和浊度几近于零,处理后的水质良好且稳定,可以直接回用,实现了污水资源化。

2. 混凝沉淀+过滤+生物活性炭工艺+精滤器+超滤

工艺流程如图 5-11 所示。

利用生物活性炭的吸附和氧化作用,可以去除混凝沉淀无法去除的细小悬浮物,净化水质,出水可以用作循环补水,也可经泵提升依次经精滤和超滤提高出水水质,出水可用作工业用水。

5.4.2.3　进水达到二级标准

进水达到二级标准的集成方案见表 5-9。

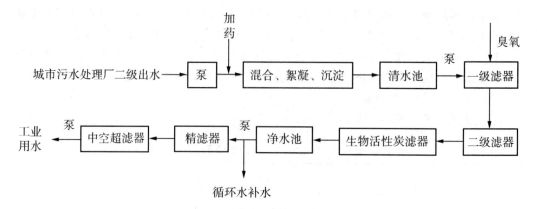

图 5-11　混凝沉淀+过滤+生物活性炭工艺+精滤器+超滤工艺流程

表 5-9　进水达到二级标准的集成方案

编号	技术类型	编号	技术类型
1	絮凝+曝气生物滤池/滤布滤池+生物活性炭滤池+紫外消毒	6	生物流化床+生物陶粒滤池+砂滤器+消毒
2	生物转盘+过滤+砂滤+消毒	7	砂滤+生物活性炭+消毒
3	生物接触氧化+砂滤+活性炭吸附+消毒	8	二段式生物接触氧化+沉淀+过滤+消毒
4	二段式生物接触氧化+沉淀+过滤+消毒	9	生物转盘+混凝沉淀+砂滤+消毒
5	生物流化床+生物陶粒滤池+砂滤器+消毒	10	生物陶粒滤池+混凝+纤维球过滤器+消毒

为了提高出水水质，可以在膜技术前采用生物技术作为预处理。

5.4.3　不同回用途径的工艺技术集成

常见的污水处理回用途径有工业用水、农林渔牧业用水、市政杂用水、补充水源水和景观、环境用水等。根据不同回用途径，再生水处理工艺技术集成方案见表5-10。

表 5-10　不同回用途径再生水处理工艺技术集成

回用途径	集成方案
农业	混凝沉淀过滤+消毒；微絮凝+过滤+消毒；MBR 集成工艺
工业冷却水	混凝澄清过滤+消毒；机械加速澄清池+砂滤+消毒；超滤/连续微滤+反渗透+消毒；曝气生物滤池+混凝沉淀+过滤消毒；混凝+沉淀+生物活性炭滤池+消毒
锅炉补给水	混凝沉淀过滤+离子交换；沉淀+过滤消毒+超滤；微滤+反渗透膜+深度脱盐工艺
城市杂用水	混凝沉淀过滤/微絮凝+消毒；机械加速澄清池+砂滤+消毒；超滤+臭氧脱色+氯气消毒；陶粒过滤+活性炭过滤+二氧化氯消毒；紫外消毒+纤维滤池
景观环境用水	混凝沉淀过滤+消毒；MBR+反渗透；多级氧化塘+湿地系统；絮凝+曝气生物滤池/滤布滤池+生物活性炭滤池+紫外消毒

5.4.4　不同地域特点的工艺技术集成

依据地域经济文化等不同特点的技术集成可按照以下因素进行定性分析：地理条件、气候因素、经济水平、技术指标、政策导向及文化认知水平等。

（1）沿海地区，水资源禀赋不同的地区对集成工艺的选择有很大不同。

（2）生物处理集成工艺在环境温度较低的地区处理效率发挥不稳定。

（3）经济水平较高的地区推荐生物技术/膜技术与其他单元技术的集成工艺，经济水平较差的地区采用传统的集成工艺。

（4）处理规模为大中小型分别选择生物技术与其他单元技术的集成工艺、新兴的膜处理技术、生物滤池技术或膜生物反应器（MBR）和其他单元操作技术的集成工艺以及传统老三段技术和其他单元技术的集成工艺。

（5）特殊地区需要综合考虑民族民众的文化认知特点和水平综合考虑技术集成工艺的选择。

5.5　城市污水处理回用工艺技术方案合理选择

5.5.1　水源水质标准

再生水水源水质应符合《污水排入城镇下道水质标准》（CJ 343—2010）、《室外排水设计规范》（GBJ 14—87）中生物处理构筑物进水中有害物质允许浓度和《城镇污水处理厂污染物排放标准》（GB 18918—2002）的要求。

通过实地走访勘察和资料收集，归纳总结再生处理的水源主要为城市污水处理厂二级处理或强化二级处理后的出水，其水质状况与执行的排放标准和达标情况有关。为了减少再生水厂的投资和处理成本，建议城镇污水处理厂出水达到一级 A 标准。

（1）一级标准的 A 标准是城镇污水处理厂出水作为回用水的基本要求。

（2）城镇污水处理厂出水排入国家和省确定的重点流域及湖泊、水库等封闭、半封闭水域时，执行一级标准的 A 标准，排入 GB 3838 地表水 Ⅲ 类功能水域（划定的饮用水源保护区和游泳区除外）、GB 3097 海水二类功能水域时，执行一级标准的 B 标准。

（3）城镇污水处理厂出水排入 GB 3838 地表水 Ⅳ、Ⅴ 类功能水域或 GB 3097 海水三、四类功能海域，执行二级标准。

（4）在非重点控制流域和非水源保护区的建制镇的污水处理厂，根据当地经济条件和污染控制要求，采用一级强化处理工艺时，执行三级标准。

5.5.2　不同回用途径工艺技术方案选择

5.5.2.1　回用于城市杂用

1. 基本要求

污水回用于城市杂用时，首先应提高污水二级生物处理在低温条件下的消化效果，然后在回用处理技术选择时采用过滤技术，包括砂滤、机械过滤、膜滤等，过滤前一般应投加混凝剂或助凝剂，如混凝沉淀过滤、微絮凝过滤等；最后对出水进行消毒技术处理，必要时进行臭氧脱色处理。

为了防止微生物的再次繁殖，避免对后续输配和储存系统造成二次污染，需要保持一定的余氯量，因此在回用于城市杂用时需要选用二氧化氯或氯气消毒。

2. 回用于城市杂用的再生水推荐工艺

经过资料收集和实地调研，回用于城市杂用的再生水推荐工艺流程如图5-12所示。与混凝沉淀-过滤传统工艺相比，微絮凝-过滤工艺可省略搅拌池和沉淀池，因此混凝沉淀-过滤工艺已更多地被微絮凝-过滤工艺所取代。但是考虑混凝沉淀-过滤工艺已使用多年，应用面广，各方面都积累了较为丰富的经验，因此保留该工艺。

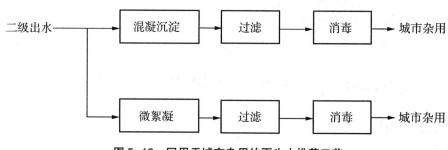

图 5-12　回用于城市杂用的再生水推荐工艺

5.5.2.2　回用于景观环境的再生水处理推荐工艺

经过资料收集和实地调研，回用于景观环境的再生水处理推荐工艺流程见图5-13。根据再生水处理工艺进水水质和景观环境用水类别，回用于景观环境的再生水处理推荐工艺可分为以下4种类型。

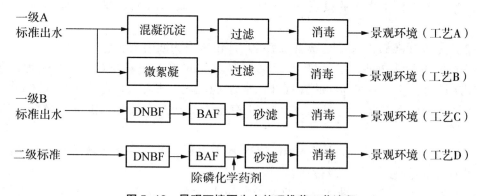

图 5-13　景观环境再生水处理推荐工艺流程

5.5.2.3　回用于工业用水的再生水处理推荐工艺

在工业用水的4个回用方向中，工业冷却水和锅炉补给水是用水量较大、较稳定的用户，根据目前几个城市已经完成的再生水资源利用规划，工业冷却水的比例最高。因此下面重点介绍回用于冷却用水和锅炉补给水的再生水处理推荐工艺，如图5-14所示。

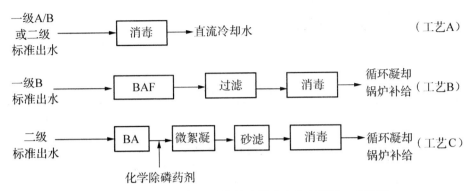

图 5-14　冷却用水和锅炉补给水再生水处理推荐工艺流程

5.5.2.4　回用于农业灌溉的再生水处理推荐工艺

再生水农田灌溉过程中，粮食安全、环境影响和土壤安全是最受关注的三个问题。尽管城镇污水处理厂二级标准出水即 SS 和生物化学指标满足农田灌溉用水水质要求，但是为了保证再生水的安全使用，在条件许可时推荐使用图 5-15 中的工艺。

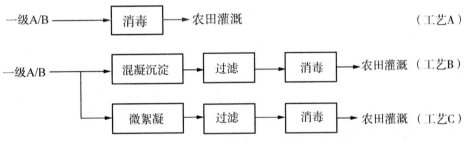

图 5-15　农田灌溉水再生水处理推荐工艺流程

5.5.2.5　回用于地下水回灌再生水处理推荐工艺

地下水回灌包括地表回灌和井灌两种。根据国外的工程实践，地表回灌水和井灌用再生水处理工艺分别推荐使用图 5-16 中的工艺 A 和工艺 B。其中在使用工艺 A 时应及时监测工艺出水的毒理性指标，防止对地下含水层的污染。

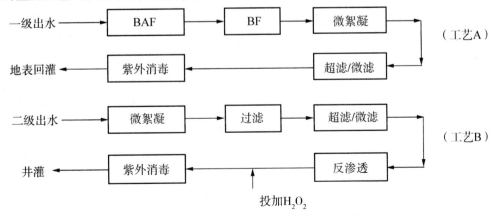

图 5-16　地下水回灌再生水处理推荐工艺流程

5.5.3 考虑经济因素的工艺技术方案选择

考虑经济因素的工艺技术方案选择分析成果，见表5-11。

表 5-11 考虑经济因素的工艺技术方案

采用工艺	主要用途	吨水投资（元）	吨水运行成本（元）
直接过滤（砂滤、活性炭滤池、曝气生物滤池等）	出水达到一级 A 标准，主要用于河道补水	350~400	0.25~0.35
"老三段"及其改进工艺（混凝沉淀过滤工艺，澄清过滤工艺，微絮凝过滤工艺）		700~1 200	0.68~1.2
生物滤池工艺（曝气生物滤池、滤布滤池等）	景观、工业、农业、生活杂用	1 600~2 500	1.0~1.3
膜滤（包括微滤、超滤、反渗透等）处理工艺	景观、工业、农业、生活杂用	1 600~2 800	1.4~2.5
MBR 工艺	生活杂用、景观		2.2~2.6

5.5.3.1 相同规模不同处理工艺再生水处理分析

设定规模为 5 万 m^3/d，成果见表5-12。

表 5-12 相同规模不同处理工艺再生水处理分析

处理工艺	工程投资（万元）	吨水投资（元）	运行成本（元/t）	总成本（元/t）
直接过滤	2 418	483	0.25	0.34
化学絮凝+过滤	2 508	501	0.30	0.39
化学絮凝+沉淀+过滤	2 864	575	0.31	0.42
化学絮凝+微滤	9 778	1 956	1.14	1.52
化学絮凝+沉淀+微滤	10 086	2 014	1.16	1.53
化学絮凝+沉淀+过滤+反渗透	14 652	2 930	1.84	2.41
化学絮凝+微滤+反渗透	21 799	4 360	2.69	3.52

5.5.3.2 相同处理工艺不同规模的再生水处理分析

设定处理工艺为：化学絮凝+沉淀+过滤，分析结果见表 5-13。

表 5-13　相同处理工艺不同规模的再生水处理分析

规模（t/d）	吨水投资（元）	运行成本（元/t）
1	975	0.47
3	651	0.34
5	575	0.31
10	497	0.3
15	458	0.29

5.5.4　污水处理工艺发展趋势

全面推行以除磷脱氮为核心的污水处理厂二级强化处理技术，并增加三级（深度）处理工艺，包括各种类型的絮凝沉淀技术、高效过滤技术和现代消毒技术，以及与人工湿地等生态净化处理技术的结合，实现污水的再生利用或者达到一级 A 排放标准。

生物技术组合工艺主要针对氨氮等指标的去除而采用，再生水、水源水属于贫营养型，发展了曝气生物滤池、生物滤布滤池、生物反消化滤池等。根据实际情况，过滤技术可以单独使用，作为污水的三级或深度处理工艺，使污水出水达一级 A 等高标准而回用。将来随着膜成本的降低，以及膜污染和浓水污染问题的解决，膜工艺势必成为高效安全的城市污水处理回用工艺而得到大规模的应用。

5.6　城市污水处理回用工艺技术集成推广分析

5.6.1　物理化学-生物技术

5.6.1.1　曝气生物滤池（BAF）+消毒集成工艺

"曝气生物滤池（BAF）+消毒"集成工艺，与一般生物处理方法相比具有占地少、处理效果好、投资费用低等优点。在运行管理方面具有操作简单、挂膜时间短的优点，尤其对于较低浓度的污水，可缩短调试周期，短期内就能达到稳定的处理效果。对于经济水平相对较高、土地资源相对紧缺的地区，"曝气生物滤池（BAF）+消毒"集成工艺具有较好的推广前景。

5.6.1.2　生物接触氧化+砂滤+活性炭吸附+消毒集成工艺

"生物接触氧化+砂滤+活性炭吸附+消毒"集成工艺，适合在对出水水质要求较高的地区推广。砂滤和活性炭吸附后水质较好，能满足对水质要求较高的回用水水质标准。

5.6.2　物理化学-膜技术

5.6.2.1　微滤+反渗透膜+深度脱盐等集成工艺

对于二级出水水质相对较好，由于气候条件限制，生物技术主体处理单元无法保证一年四季正常进行，且回用于锅炉补给水、生产用水或补给水水源等要求较高，同时，水体含盐量相对较高的地区具有很高的推广价值。

5.6.2.2　混凝沉淀+砂滤+超滤+消毒等集成工艺

对于二级出水水质相对较好，气候条件限制不能使用生物技术单元进行主体处理的，回用于工业冷却水、非人体直接接触景观水、生态环境补给水等相对不是特别高的回用目的时，可以推广使用。

如在我国西北、东北部，气候四季变化较为明显、经济相对发达的省会城市及工业用水量大的城市——哈尔滨、乌鲁木齐、包头等具有很好的推广前景。

5.6.3　生物-膜技术

5.6.3.1　BAF+超滤+反渗透集成工艺

采用曝气生物滤池（BAF）能够有效降低污水中的含氮量，对水质水量变化适应性高，工艺稳定，处理效果好。BAF 技术后接超滤和反渗透技术，BAF 能有效地降低后两者的处理负荷，提高出水水质。超滤和反渗透的经典组合能够稳定地保证出水安全性和稳定性，对进水氮含量较高的地区具有良好的推广前景。

5.6.3.2　MBR 技术集成工艺

MBR 技术集成工艺维护简单，可实现自动化遥控管理，具有良好的升级改造潜力，在现有水池基础上添加膜处理单元可提高处理量和处理效果，适用于小区、企业内部污水处理回用。

5.6.4　膜技术

5.6.4.1　微滤+反渗透+消毒集成工艺

该集成工艺处理水质的效果稳定，但能耗大、设备及维护费用较高，对管理人员的专业技术水平有较高的要求、处理规模较小、处理负荷不能过高，使用该集成技术前联用其他单元技术运行效果更佳。

对于进水水质良好且经济技术水平高的地区，该集成工艺在一定程度上适用，兼具良好的安全性、稳定性和可升级性。

5.6.4.2　连续微滤+反渗透+消毒集成工艺

"连续微滤+反渗透+消毒"集成工艺在现阶段已经是一项较成熟的工艺，在我国北方大型缺水城市如天津，被广泛应用。考虑到该集成工艺的处理水量较小、出水水质稳定、安全可靠的特点，适用于大中型城市居民区生活杂用水的回用处理。

5.6.5　工艺技术集成适用的对象分析

5.6.5.1　从城市污水处理回用进水水质角度的技术集成

（1）进水水质达到一级 A 标准：多采用混凝沉淀过滤其变形技术与其他单元技术的集成工艺，如机械加速澄清池+砂滤+消毒。

（2）进水水质达到一级 B 标准：多采用生物技术及其他单元技术的集成工艺，如混凝+沉淀+生物活性炭滤池+消毒。

（3）进水水质达到二级标准：多采用生物技术、膜技术及其他单元技术的集成工艺。

5.6.5.2　从城市污水处理回用用途角度的技术集成

（1）回用于工业：多采用连续微滤（CMF）+反渗透技术（RO）与其他单元技术的集成工艺，除要特别考虑锅炉补给水对水质腐蚀性、结垢倾向要求外，传统的混凝-沉淀-过滤技术的集成工艺可以满足出水水质要求。

（2）回用于农业：采用微絮凝-过滤集成工艺，可以有效地去除水中的有机物、重金属及有毒物质，适当保留肥效，具有处理成本低、处理水量大、出水水质稳定的特点。

（3）回用于市政杂用：连续微滤（CMF）技术的集成工艺可以根据实际情况调整工程规模。将 CMF 与紫外线消毒、臭氧处理等单元技术集成，可以得到良好的出水水质，适于回用于居民区的厕所冲洗、园林和灌溉、道路保洁、洗车等用途的补充用水。

（4）回用于生态、景观用水：在实际应用中常用超滤工艺对污水处理厂出水进行深度处理，但由于耗电大、处理成本高、膜组件需定期清洗、因而主要应用于中小型城市污水处理回用工程中。若回用于一般的景观用水，则曝气生物滤池或滤布滤池常和生物活性炭滤池技术集成工艺可以满足要求。

5.6.5.3　从地区经济发展水平角度的技术集成

（1）从时间上看：主要选用吨水投资较小的混凝沉淀过滤（俗称"老三段"）集成工艺。

（2）从空间上看：西部经济不发达地区的城市污水处理回用工艺多采用投资成本较小的"老三段"集成工艺；东部经济发达地区多以生物处理集成工艺为主，膜技术集成工艺为辅的多集成工艺并存。

5.6.5.4　从地域特点角度的技术集成

（1）地理条件：沿海地区、水资源禀赋不同的地区对集成工艺的选择有很大不同。

（2）气候因素：生物处理集成工艺在环境温度较低的地区处理效率发挥不稳定。

（3）经济水平：经济水平较高的地区推荐生物技术/膜技术与其他单元技术的集成工艺，经济水平较差的地区采用传统的集成工艺。

（4）技术指标：处理规模为大、中、小型，分别选择生物技术与其他单元技术的集成工艺、新兴的膜处理技术、生物滤池技术或膜生物反应器（MBR）和其他单元操作技术的集成工艺以及传统老三段技术和其他单元技术的集成工艺。

（5）文化认知：特殊地区需要综合考虑民族民众的文化认知特点和水平，选择技术集成工艺。

第6章 城市污水处理回用管理
制度与政策

6.1 城市污水处理回用管理制度

6.1.1 研究背景

在水资源短缺的大背景下，节约用水、海水淡化、集雨工程等水资源开发利用措施越来越普及，污水处理回用作为一项重要的技术手段，在水资源开发利用过程中也显得日益重要。特别是在经济人口发展相对集中的城镇地区，受水资源条件的制约，经济社会发展往往被限制，同时又产生大量的生活和工业污水无法得到利用，据统计，全国污水回收利用率仅仅占到全国污水排放量的2%，污水回用设施运转率低的情况也十分严重。伴随着近年来城市缺水问题的加剧，使得城市污水处理回用的地位再度凸显，在此背景下，国家已经开始加大污水回用的研究，并将其纳入正在制定的"十二五"水利发展相关规划中。

2011年中央一号文件提出"实施最严格水资源管理制度"的水资源管理工作纲领，并提出按照"三条红线"的标准来进行水资源的管理。目前，国家已经确定了水资源利用的第一条红线，即2015年总水资源使用量6 200亿t，而2009年我国水资源使用量已经达到5 900亿t，即5年时间增量要控制在290亿t之内；为此，国家确定第二条红线，即划定用水效率，目前已确定在2015年全国农业灌溉利用系数提高到0.52%以上；同时，还确定了第三条红线，即全国水功能区的达标率要在现状的基础上提高到60%。实际上，污水回用，相当于减少了排污，也减少了新增的用水，因此，与上述每条红线都紧密相连，对于实施最严格水资源管理，将起到至关重要的作用。目前，水利部初步确定了"十二五"全国及分省城市污水处理回用率指标，其中2015年全国城市污水处理回收利用率达到10%，比2010年的8.5%目标高1.5个百分点。污水处理回用不但是居民生活、经济活动开展的需要，是国家政策的规定，而且给城市水务行业的发展，带来了良好的机遇。

全国655个城市中，有约61%缺水，其中约31%严重缺水。截至2009年11月，全国投入运营的城镇污水处理厂数量达1 808座，污水处理总能力达9 926万 m³/d，在建城镇污水处理厂项目1 543座，设计总能力5 285万 m³/d。同时，全国各地对城市污水再生利用日益重视，工程项目支持力度不断加大，已经形成了相当大的潜在市场需求。据统计，目前已投入运营的城镇污水处理及回用一体化项目达336座，再生水设计规模总计为 858 万 m^3/d，占污水处理能力 33%；在建的城镇污水处理及回用一体化项目 241 座，其再生水设计规模总计为 540 万 m^3/d，占污水处理能力的 52%。据估算，"十二五"期间，城镇污水处理设施建设资金总需约为 1 540 亿元，这无疑为污水回用领域的发展带来了前所未有的前景。

作为实现"最严格水资源管理制度"的重要组成部分，污水处理产业在未来几年将驶入发展快车道。目前，系列扶持政策正在制定过程中，这将大力推动污水处理行业的发展。针对我国城市污水处理回用的现状，结合行业发展趋势，对城市污水处理回用的管理制度进行分析，进一步完善城市污水处理设施的建设及运营机制，加强城市污水处理设施建设运营管理，对于加快城市污水处理设施建设，全面提高运营效率和管理水平，进而为行业发展提供有效支撑和保障，具有重要的现实意义。

6.1.2　我国城市污水再生回用管理制度现状分析

6.1.2.1　概念和内涵

城市污水是排入城市排水系统中各种污水的总称，泛指生活污水、工业污水及其他排入城市管网的混合污水。城市污水再生回用是指根据城市发展规划，由政府或其他组织、个人投资建设城市污水排放和处理设施，强制性地对城市污水进行统一收集和处理，实现污水的无害化、资源化，并作为相应的水资源来满足相应需求的过程。城市污水处理系统主要由城市污水收集管网和污水处理厂两个系统组成，作为回用的途径较多，在当前技术水平下，广泛应用于包括工业生产回用、农业灌溉、生态景观补水等。

长期以来，我国对城市污水处理行业一直实行计划经济管理模式，由政府投资统一建设和运营。从 20 世纪 90 年代后期，我国城市污水处理按照建立社会主义市场经济体制的方向，积极探索新的投融资和运行管理机制，开始进行市场化改革的尝试。随着污水收费、水价改革、城市污水和垃圾处理产业化发展等方面的国家指导政策的陆续颁布，不少城市的污水处理设施建设与运营市场化实践取得了重要进展。2002 年 9 月，国家有关部门下发《关于推进城市污水、垃圾处理产业化发展的意见》，鼓励各类所有制经济积极参与投资和经营，以实现投资主体多元化、运营主体企业化、运行管理市场化，形成开放式、竞争性的建设运营格局。之后，国务院、国家发展改革委员会、建设部等部门还联合制定并陆续出台了一系列相关的政策，加速统一了地方政府和公众对城市污水处理行业改革方向的认识，有效地推动了污水处理业市场化发展的进程。

城市污水处理市场化，使市场机制在资源配置过程中的基础性作用不断增强，进而推动了我国的城市污水处理回用的管理制度，需要改变以往政府包揽所有污水处理回用事务的局面，形成多元竞争格局，促使主管部门的主要职责向市场监管方面转变。其目的是在政府部门不放弃公共政策制定责任的前提下，通过引进市场机制，挖掘社会一切可以利用的资源来提高城市污水处理事业产品的供给能力和生产效率。

新形势下的城市污水处理回用管理制度，需要适应市场化改革，包括深刻的内涵：一是从产业属性看，城市污水处理应由政府统包统管的纯粹公益事业，转变为独立企业提供的社会服务产业，污水处理产业通过处理提供有偿服务，可以取得合理的投资回报；二是管理体制实行政企分开，政府从产业的投资者、建设者、运营者转变为市场的监督者、管理者，主要加强对污水处理产业的管制，以确保城市污水处理服务的稳定，企业在政府监督管理下独立经营；三是从经营主体看，污水处理企业实行企业化经营，不再直接靠财政拨款生存，而是通过污水处理收费及利用污水生产的附加产品，在市场中生存发展；四是从市场结构看，污水处理行业要降低进入壁垒，打破独家垄断，允许社会资金投资污水处理设施，实行投资主体多元化。

因此，改革传统的污水处理管理体制，使企业在政府监督管理下，能够企业化经营、市场化运作、产业化发展，是污水处理市场化改革的关键，也是污水处理回用行业实现可持续发展的保障。

6.1.2.2 基本构成

中国城市污水治理体制是依据国务院各部门分工和《中华人民共和国城市规划法》《中华人民共和国水法》《中华人民共和国环境保护法》《中华人民共和国水污染防治法》等法规的规定，采取分级和分部门管理体制，即中央、省、自治区、直辖市和县、镇三级分设行政主管部门，城市的独立工矿企业单位的水污染处理设施由各自行政部门管理，但业务、技术上受同级城市环保、建设部门的指导。相关部门责任如下：

环境保护部门负责审查。直接或者间接向水体排放污染物的新建、扩建、改建项目和其他设施，应遵守国家有关建设项目环保管理规定；建设项目环境影响报告书应对建设项目可能产生的水污染和对生态环境的影响做出评价，规定防治的措施，经环保和建设主管部门审查批准方可进行设计和施工。其防治水污染的设施，必须与主体工程"三同时"。企事业单位应按规定申报有关防治水污染方面的资料，并保持正常使用，达标排放。

建设部负责建设行政管理。其主要职责是：指导全国城市建设；研究拟定城市市政公用、环境卫生和园林风景事业的发展战略、中长期规划、改革措施、规章；指导城市供水节水和排水工作；指导城市规划区内地下水的开发利用与保护等；会同国家发展计划管理部门审批重大城市市政工程和公用工程等建设项目。有关供水的水资源调配、水污染防护和治理、饮水卫生与健康，则分别由水利部、国家环保总局和卫生部协同管理。

水利部门负责技术实施。按照国家资源与环境保护的有关法律法规和标准，组织水功能区的划分和向饮用水源区等水域排污的控制，监测江河湖库的水质，审定水域纳污能力，提出限制排污总量的意见。

此外，水价的制定还涉及相关的政府职能部门。因此，城市污水处理回用行业的管理体制，需要和现实条件下的管理特点相结合，构建一套完善的综合管理体制。

6.1.2.3 管理目标

今后一段时期，城市污水处理回用行业的发展和管理，主要目标体现在以下几个方面：

一是加快城市污水处理业的投融资体制改革。主要包括：随着污水处理费征收范围的扩大和征收标准的提高，逐步建立起污水处理业多元化投资和产业化发展的模式；

推进城市污水处理行业的产权制度改革，解决污水处理业的资金瓶颈问题，实现产权多元化，广泛吸纳社会资本进入到城市污水处理领域。

二是建立和完善特许经营管理办法和相关法律法规。特许经营是市场监管中对市场准入进行监管的重要手段，进一步完善污水处理业的特许经营管理，使之成为市场监管的重要依据，并借鉴国际经验合理确定特许经营期限。

三是进一步转变政府职能，实行政企职责分开。污水处理业市场化发展必然要求政府转变政府职能，实行政企分开，明确界定政府和企业在污水处理项目中的职责，政府应集中精力搞好宏观调控和市场监管，而由企业即项目投资者负责项目的运营和日常管理。

四是建立政策性损害的利益补偿机制。建立起政策性损害的利益补偿机制，对因政策变化而导致污水处理项目的投资者产生的利益损失，进行一定的补偿，从而降低投资风险，吸引更多的投资者进入到城市污水处理领域当中，保障行业的持续发展。

6.1.2.4 现状分析

自 20 世纪 90 年代中期以来，特别是 2001 年以来，国家先后出台了一系列与城市环境基础设施建设、运营有关的法律、法规和政策，立法精神、政策初衷和条款本身反映出了国家鼓励市场化运作的决心，这些法律、法规和政策构成了当前市场化运作的坚实基础。与此同时，在国家自上而下的外部政策的推动及地方自下而上的内在的需求诱导下，城市污水处理设施建设与运营的市场化正在全国各地开花结果，总体来看前景较为乐观，为市场化下一步的深化打下了良好的基础。这一状况主要体现在几个方面：

国家和地方关于污水处理行业市场化的共识逐步达成一致。继国家有关部委陆续出台了一系列有关城市污水处理市场化、产业化发展的规范性指导政策后，各地方政府和有关行政管理部门根据国家宏观政策框架，相继出台了一些实施细则和指导意见。如福建、辽宁、山东及海南等省出台了关于推进城市污水处理市场化、产业化发展的意见和规定，江苏、河北省政府提出了关于进一步推进城市市政公用事业改革的意见，北京、河北和深圳等地颁布市政公用事业特许经营办法。相关政策体系有力地支持和推动了城市污水处理市场化的发展。

从投资机制来看，多渠道、多层次、多元化的资金筹措体制逐步形成。除中央及地方财政和收取的污水处理费外，国际金融机构、外国政府、国际民间、国内民间等外部资金得到鼓励，BOT、TOT 等方式投资建设与运营城市污水处理设施已有成功案例。例如：以深圳水务集团和北京排水集团为代表的传统污水国营企业，积极进行了产权结构的改制，提高了市场竞争力也带动了产业结构的优化调整。社会资本开始通过以首创股份为代表的众多上市公司或投资公司涉足城市污水处理行业。以威利雅、苏伊士和泰晤士为代表的国际水务和环境集团均已不同程度地投资中国污水处理行业。

污水处理费收费体制逐步完善，目前各省市已全面征收污水处理费。尽管标准偏低，但体系已经建立。2002 年底，除西藏自治区外的 30 个省（区、市）全部实行了污水处理收费制度。征收污水处理费的城市共 325 个，占全国 660 个城市的 49.2%。收费城市主要集中在地级以上城市，实行污水处理收费制度的地级以上城市 189 个，占收费城市总数的 58.2%；实行污水处理收费制度的县级市增长较快，已达到 136 个，占收费城市总数的 41.8%。2002 年，全国 325 个实行污水处理收费制度的城市，近三分之一的污水处理单位由纯事业向企业化管理过渡，有 7%实现了完全意义上的企业化改革。污水处理费收费体系的建立和完善是法律政策环境完善的一个最重要的方面，也是市场化运作的最重要的物质保证。

各地市场化实践经验和教训将为下一步市场化的推进提供指导。自 20 世纪 90 年代以来，北京、上海、深圳等地政府出于转变职能，筹集建设资金，改变设施运行体制的目的，从机构改革和政策等多角度对城市环境基础设施市场化运作进行了许多大胆尝试，积累了相当丰富的经验。

新的发展观将对城市环境形成新的压力，客观上为市场化拓展了发展空间。今后相当长一段时期，中国的经济仍将继续保持持续增长，这种增长不仅要把环境、资源与人口的关系协调好，也必然要对资源进行开发利用，将会对环境产生新的压力，会出现不少新的环境问题，需要社会提供更实用的高新技术的支持和资金的投入，这将对城市污水的无害化、资源化处理提出新的要求，客观上为城市污水处理的市场化拓展了新的空间。

6.1.3 我国典型城市污水处理回用管理制度建设成效

当前，我国的污水处理回用行业取得了大量的成就，不同地区污水处理业的市场化有了不同程度的发展。在经济发达的城市如北京、上海等，在大量投资建设的拉动下，该类城市的污水处理市场化程度较高，管理部门对市场化的理解逐步深刻，市场化相关政策陆续出台，政府监管基本到位，传统国营企业完成改制，企业竞争力明显提高。在江苏、浙江、广东等沿海地区具有一定经济基础的城市，大都出台了城市污水处理市场化的促进性政策，明确了发展方向，收费体系逐步建立和完善，政府职能逐步转变，呈现出较好的竞争态势，逐渐成为投资的热点区域。一些内地省市，在国家污水处理市场化政策的要求下，基本确定了市场化的发展方向，积极开展了以引资为主要目标的市场化探索。

其中，在污水处理回用行业发展走得较快、相对成熟的区域如上海、深圳等，建立了相对完善的城市污水处理设施与运营市场化模式。

6.1.3.1 上海模式——事业单位改制，企业化运营

上海市城市污水处理建设、运营和投融资模式开展探索和实践，按照"政府组织、企业运作、市场竞争、形成合力"原则，在继续加大政府投入的同时，引入市场机制，打破垄断经营，吸引社会投资，在促进上海城市污水处理设施建设和运营的产业化和市场化方面取得了显著成效。2000 年前后，上海市对排水企业进行了重大体制改革和调整，将原来的污水处理运营企业重组为一个管理公司和四个运营公司，将投资、建设、运营、管理"四分开"。

污水处理回用管理体制的改革，基本理清了"投资、建设、管理、运营"的各个层面：上海市水务局的成立，为水务行业的总体统一管理提供了基础；建设公司和运营公司的分别成立，使建设、运营公司各司其职；区域性运营公司的成立，为打破行

业垄断经营、提高管理效率创造了条件；而资产公司的成立和运作，又为解决城市污水处理建设资金筹措和基础设施资产的经营管理，提供了操作平台。同时，排水企业的改革重组也为推进城市污水处理基础设施的市场化改革和建立新的投融资格局提供了必要的条件。

6.1.3.2 深圳模式——委托运营，全方位开放

委托运营是指为了增加企业对设施管理的自主性，减少政府对日常管理的干预，将整个设施运营的所有管理责任委托给市场，它主要是针对已建成的现有污水处理厂，按市场机制，通过谈判，签订服务合同，委托专业公司进行市场化运营，目的是降低管理成本，提高运营效率。全方位开放是针对新建污水处理厂，它的建设与运营完全按照市场化的模式进行运作，不限资金来源，不限所有制性质，在特许合同条件下，一律按市场经济的原则平等竞争。

深圳市为了减轻政府在污水处理系统运营维护方面的负担，提高管理效率，引进科学和先进的管理模式，2001年，将龙田和沙田污水处理厂以委托运营方式承包给民营企业运营，把两座污水处理厂的运营管理推向市场，选择一个企业化、专业化、规范化的运营队伍来经营管理污水处理厂。既大大地减轻了政府的财政压力，企业也通过改进工艺和创新管理获得发展。委托运营模式下的运营主体是纯粹的民营企业，在提高效率和服务质量方面有较充分的市场体制与机制保障。另外，由于运营期间的支出和从政府取得的服务费相对稳定，委托运营模式对于民营企业的经济风险较小，但收益率也相对较大。

6.1.3.3 用户或社区自助模式

国际上所称的用户或社区自助模式是指经社区成员同意，自主建设有关污染处理设施，其管理方是社区组织，实施方一般是专业公司，费用由用户或社区成员自我负担。在中国，通常所说的分散处理模式是相对于集中处理技术方式而言的，所以用户或社区自助模式在中国实际上就是市场化分散处理模式。对于居民小区、写字楼和市政管网难以覆盖的城市边缘地区，市场化分散处理模式具有广阔的发展前景。与集中处理相比，分散处理具有投资小、规模小、技术要求也相对较低的特点，并且用户群明确，费用收集过程简单，较适宜于中小型环保企业建设和运营。国家只要制定较严格的城市污水处理法规和监管办法，给予一定的处理技术帮助，城市政府配套以合理的小区污水处理规划，制定具有一定浮动范围的收费标准，分散处理就完全可以采用私建私营的模式。

这一模式在广州、杭州、南京、西安等城市的居民小区、工业区、宾馆、酒楼得到了广泛的应用。分散处理有着现实的合理性，当前城市生活污水大部分采取集中处理的方式。这样做有利也有弊，虽然规模处理可以达到规模效益，也便于统一管理和监督，但是集中处理需要大规模地兴建城市污水管网，其建设成本时常占污水处理设施成本的一半以上，而且对北方城市来说，这种处理方式也不利于处理后的中水回用。因此，在城市环境基础设施建设上，可以采取集中和分散相结合的方式。对于已建城市管网的区域，可以采用集中处理的方式；对于新建的小区或边远地区，则可采用分散处理的方式，通过建设小型的污水处理厂，就地就近解决，同时，其建设和运营费

用可以由小区开发商投资，并最终计入小区建设成本，由消费者负担。这样做，既体现了"污染者负担"的原则，由政府集中投资变成消费者分散投资，拓宽了投资渠道，也可以降低建设成本，同时，还可有效利用处理后的中水，用于小区绿化或邻近地区绿化，这是使缺水城市绿起来的一条积极可行之路。

6.1.4 我国城市污水处理回用管理制度存在的问题及原因

城市污水处理市场化是市场经济条件下促进环境保护发展的必然趋势，我国政府的相关部门也已经认识到城市污水处理行业进行市场化改革的必要性，并定了相关的法律法规，但由于我国城市污水处理的市场化发展尚处于起步阶段，实践时间不长，有些认识、政策和管理体制等方面的问题尚未解决，严重制约市场化发展的进程。主要表现在以下几个方面：

（1）资金来源问题难以解决。城市污水处理工程作为治理城市水环境的"硬件"设施，其建设、运营情况及处理效果与水环境质量息息相关。但污水处理工程的建设与运营需要大量的资金投入，资金的多少将决定污水处理工程的规模，资金的使用效率将决定污水处理厂的运作效率。目前，我国城市污水处理资金不足与运作低效已成为制约城市水环境质量改善的瓶颈。在计划经济体制下，城市污水处理工程作为一项公共基础设施，一直由政府投资、经营和管理，或由政府通过向世界银行等国际金融机构和国内银行贷款进行筹措，投资渠道单一，缺乏责任约束机制和独立经营的积极性，建设和运行成本偏高，财政负担沉重。随着社会主义市场经济的发展，城市污水处理行业深化投融资体制改革，逐步建立了包括地方自筹、国家贷款或专款、国外资金、社会集资、BOT 等方式的多层次、多元化的投融资渠道。但各种投融资模式的运作方式仍处于探索阶段，相关政策、法制建设和管理等方面不够成熟，在某种程度上制约了城市污水处理工程的建设和运营。

（2）城市水务管理体制尚待理顺。我国城市水的管理比较落后，城市供水和污水分属不同的管理部门，在城市污水处理中，城市工业废水的监测由环保部门管理，城市污水处理由城建部门管理，特别是有的城市排水管网和污水厂也分属不同的管理部门，加上回用水的利用涉及水资源管理、卫生和农业等部门，给城市污水处理和回用的管理带来一定的困难。城市污水处理工程的建设涉及较多部门，如城建部门负责工程建设，城管部门负责污水处理厂的运营，环保部门制定其排放标准，财政部门负责拨付运营费用，物价部门负责审核污水处理费。城市污水处理工程项目的多头管理使得城市污水处理行业的发展受到限制，遇到问题无法及时解决，致使工作效率较低，工程建设周期长，工程项目的所有权、经营权完全分离，责权无法落实，阻碍了城市污水处理行业的发展。近年来，东部地区的一些城市污水处理工程项目通过 BOT、TOT、委托运营或股份转让等形式实现了市场化运营，但到目前为止，绝大部分污水处理厂仍为事业单位，由政府直接管理。一些城市的排水公司或排水集团形式上为公司制企业，实际上都是国有独资，不提折旧，不产生利润，"企业单位事业管理"，基本上等同于政府在直接运营。政府所属机构直接运营管理，已经不是真正意义的运营，不产生利润，从而也没有严格的成本管理，因此，城市污水处理运营主体的真正企业化和社会化是十分必要的。

（3）运营管理问题依然突出。城市污水处理市场化过程中存在着政府监管落后于市场化发展的问题。这主要表现在以下几个方面：行业管理部门管理错位，过多关注项目投资和建设，而忽视了运营效率和效益；行业监管部门管理缺位，监管薄弱，如对污水处理企业运营成本和绩效缺乏具体监管等；地方行政管理体制混乱。城市污水处理项目的典型运营方式为：政府筹资或以政府借债方式形成污水处理工程的资产，政府将这份资产委托一个单位（排水公司或排水机构）来管理。管理者只理权，并无资产的所有权。运行费的来源靠政府每年的拨付，数目的多少取决于污处理厂的需要和政府财政状况，普遍存在到位率低的情况。另一方面，由于财政资金缺乏监控，容易产生浪费现象，有些污水处理厂的运营经费是参照往年运营情况来确定，这些污水处理厂为了保证次年能有充足的经费，可能产生一种"今年不多用，明年就吃亏"的心理。在这种情况下，污水处理厂的管理者缺乏降低运行成本的动力，直接导致管理僵化、冗员严重、工作效率低等现象。目前，全国70%左右的污水处理及配套设施系统还是采用纯事业单位或准事业单位的运营方式，大多是政府收费，给污水处理厂按事业单位性质拨款，致使投资匮乏，运营效率低下。转变政府管理职能也是市场化改革的重要目标，但从几年来市场化改革的结果来看，目前政府仍是筹措污水处理厂资金的主角，不是让市场在资源配置在发挥基础性作用。传统的政府管理体制极大地阻滞了市污水处理设施建设与运营的正常发展及其市场化进程。以河南省为例，河南省是我国淮河流域污染治理的重点省份之一，污水排放量占流域污水排放总量24%，但是目前已经建成的城市污水处理厂普遍面临"断粮"之忧。在一些方面，各级政府耗巨资建成的污水处理厂半停半开甚至闲置，不能发挥应有的作用，地方财政也为之背上了沉重的包袱。要解决这种尴尬局面，必须切实转变政府职能，打破政府投资、政府运营的传统模式，充分利用社会资本，建立多元投资主体模式，实行建设与运营的市场化。

对于以上提出的几点问题，归纳起来主要有以下一些原因：

一是融资渠道不畅。总的来看，目前环保融资机制还不够顺畅，导致城市污水处理设施建设与运的资金需求缺口巨大，影响了市场化的整体进程。融资渠道不畅的主要体现在：融资渠道狭窄。受"环保靠政府"的传统观念的影响，现行环保融资渠道十分单一，还是政府唱主角，市场难以发挥作用，社会资本游离市场之外，资金来源主要依靠体制内的财政性融资：地方财政和排污收费。地方财政又受到各因素的制约，投入比例相对偏低，投入金额不足，远远不能满足环保建设的投资需求；排污收费方面由于受到现行排污管理体制和征收机制的限制，收费标准偏低，收费资源流失严重，收费金额十分有限；融资机制落后。环保融资机制应该与经济体制相协调，这是世界各国的共识，也是市场经济发达国家的成功经验。在欧共体国家和新兴工业化国家有50%~70%的环保投资是由私营部门实现的，出于效率的考虑，以政府为主导的公共投资正在逐步退出环保市场。一般来说，市场经济越发达，环保投资市场化的程度就越高，环保投资力度越大，环境质量改善也就越明显，环保市场化已成为世界性的潮流。改革开放三十多年来，我国已经初步建成了较为完善的社会主义市场经济体制，社会经济的各领域市场化程度越来越高，世界上许多国家已在国际上承认了我国的市场经济地位。但是我国环境保护的融资机制却与我国市场经济体制的成熟程度极不相称，环保投入机制基本上是延续计划经济体制，政府预算资金和预算外资金还是环保投资的主渠道，环境保护市场化程度明显落后，远远落后于整个国民经济的市场化程度，与我国经济体制高度市场化的现状不相吻合；融资权责不分。现行环保投资体制没有明晰政府、企业和个人之间的环境责权和环境事权，没有建立投入产出与成本效益核算机制，没有体现"污染者付费"原则和"使用者付费原则"，污染治理责任过多地由政府承担，企业和个人免费使用环境资源，没有承担相应的责任、成本和风险。为明晰政府、企业和个人环境保护的权责关系，企业应按照"污染者付费的原则"直接削减污染总量或直接付费补偿有关环境损失；社会个人既是污染的生产者，又是污染的受害者，必须为使用环境公共物品和环境设施付出相应的"对价"，即按等价原则承担治理污染的成本，支付治理污染的费用，例如，居民应该根据"使用者付费"的原则，支付生活污水处理费。

二是现有的管理、政策体系供给不足。现有政策环境还不能满足市场化发展的需要，1999 年以来，我国就污水收费、水价改革、产业化发展和外商投资目录等方面问题，以部门通知和意见的形式发布了多项指导性政策文件。这些文件为市场化实践创造了初步的和框架性的政策环境：①明确了投资主体多元化、运营主体企业化、运行管理市场化的发展方向。②制定了污水收费政策，为市场化发展创造了必要条件。③要求改革现有运营管理体制，实行特许经营，初步创造了公平竞争的市场环境。④制定了一些框架性的优惠政策，扶持城市污水处理产业化的发展。⑤对地方政府提出了监管和规范市场的要求，保障市场化健康有序发展。但是现有的政策环境还不能满足市场化形势的发展要求。主要表现在以下几个方面：①现有有关市场化和产业化的政策仅为部门指导意见，缺乏相应的法律依据，政策的权威性和力度不够。②现有政策只是框架性的指导政策，对一些关键问题如企业改制和优惠政策，既缺乏可供操作的实施办法，也没有明确地方政府实施的权限，给地方政府落实相关政策带来较大困难，往往造成有政策无作为的局面。③对投资者利益保障缺乏完善的法律体系的保障。在发达国家，城市污水处理市场之所以备受资金雄厚的投资者青睐，是因为该领域投资回报稳定，风险小，收益有保障。但是，在我国没有多少实际运作的经验，更缺乏相关法规体系进行规范。在目前我国相关法规体系尚不完善的情况下，其经营过程中存在着巨大的风险，包括业主变化、收费体系不健全以及各种政策的重大变化等。

三是运营管理中政府监管角色缺位。主要表现在地方政府应用市场化模式的能力不足，没有明确的监管和服务机制。①缺乏专业化的监管队伍。规范市场化运作，只有相关的政策是不够的，必须要有专门的机构去监督和管理。同时，为有效规避市场化模式给政府带来的经济风险和给社会带来的环境风险，也必须建立一支精通项目管理和环境管理知识的专门队伍。目前与此项工作最为相关的是市政管理部门（或城建部门）和环保部门，但既没有明确的职责授权，也没有同时具备两个领域专门知识和经验的人力资源。②政府代表人机制不明确。目前，在运作 BOT 和 TOT 等市场化项目时，遇到了谁来代表政府与民营企业签约的现实问题。按照现有环保法律，城市人民政府具有建设或组织建设环境基础设施的法定职责，但并没有授权其可以融通社会资本。而且，国家有关政策规定，政府不能从事经营性活动，禁止地方政府与企业签订商业合同，或为企业提供担保。这样一来，与民营企业合作的政府法人并不存在。目前，已有的 BOT 项目合同，有的是与政府主管部门签订的，有的是与政府主管部门下属的公司签订的。在一些案例中，企业对合同的合法性和信赖度，主要是取决于对政府领导的信任，而不是合同本身的法律效力。③存在多头管理，责权不明的现象。目前，一些地方的污水处理厂有隶属多家管理的现象，涉及水利局、公用事业局、建委、市政管理局等部门，造成政出多门、责任不清、管理混乱的局面。例如，河南省安阳市，全市三家污水处理厂竟分别隶属三家单位管理。

此外，人们对于当前的城市再生水处理回用行业，认识上存在偏差。主要表现为两个极端。一方面，受计划经济思想的束缚和对"公共物品"理论的片面理解，过分强调政府直接提供城市环境基础设施的作用。一些地方政府和管理人员存在片面理解"公共物品"理论的现象，认为城市污水和垃圾处理设施建设与运营不宜进行市场化，过分强调政府对提供设施的责任，不积极创造有利于市场化的政策环境。另一方面，没有全面和深入地认识清楚市场机制的实质和风险，片面夸大市场化的作用。一些人被少数市场化成功的案例及媒体的渲染所误导，认为市场化是解决城市污水处理设施的主要办法，认为市场化以后政府投资要退出，一些政府决策者或决策部门错误地理解了市场化的内涵，甚至将 BOT 项目理解为解决城市污水处理设施的投资成本的灵丹妙药，而政府和市民不必为此付费。事实上，在市场化进程中政府的角色定位十分重要，城市污水处理设施作为一种公共产品，不是一般的商品，它负载着重大的公共利益，它可以私人部门参与建设、运营，但政府部门在参与投资、参与监管等方面决不能缺位，在许多情况下政府应扮演重要角色。

针对城市污水处理设施建设与运营市场化过程中出现的一系列问题，必须在建立多元化的融资机制、切合实际的路径机制、科学合理价格机制等方面进行一系列的政策设计，提出推进市场化健康成长与发展的操作模式，这三个问题是市场化改革最为核心的问题。其中融资机制关系到当前市场化进程中十分严重的资金需求瓶颈问题，路径机制关系到市场化建设运营的具体实现模式的选择问题，定价机制涉及市场化的公平与效率问题。

6.1.5 我国典型城市污水处理回用管理制度的需求分析

长期以来受计划经济体制的影响，城市污水处理被当成是一种社会公益事业，从而形成了单纯依靠政府供给的行政管制模式，甚至有人认为污染治理应是游离于市场经济范畴之外的行政行为，这与社会主义市场经济的要求很不适应。城市污水处理设施建设与运营引入市场机制，有着巨大的社会经济效应。城市污水处理回用管理制度，需要和行业的发展相适应，满足其相关方面的发展需求。

6.1.5.1 有利于缓解城市水资源的稀缺性矛盾

由于社会经济的快速发展，城市水污染恶化趋势加剧，城市水环境资源的稀缺性矛盾日益突出，市场机制的引入将有利于排污者的外部问题内在化，从而有利于更高效率、更为公平地配置城市水资源，进而在一定程度上缓解日益紧张的城市水资源的稀缺性矛盾。

6.1.5.2 有利于解决环境资源配置的"政府失灵"现象

针对当前普遍存在的城市污水处理设施运转效率过低、运转成本过高、资源浪费严重的现象，要克服政府失灵，也必须借助于市场的手段。公共产品市场化的必要性在于现实世界中的"政府失败"。福利经济学家往往把政府制度作为一种外生变量，即不存在交易成本问题。而实际上政府作为一种制度安排，如同市场制度一样，同样是内生变量，其自身的运行以及向公众提供公共服务和公共产品同样存在交易成本问题。由于政府系统缺乏明确的绩效评估制度，其成本和效率较私人部门难以测量。再者，官员也是理性的经济人，公共产品的政府供给中也难免存在特殊利益集团的"寻租"现象。因此，政府提供公共产品在某种程度是一个政治过程，其交易成本甚至比市场制度昂贵，这表现为现实中政府的种种"政策失败"及"行政腐败"。这种情况下，政府作为公共产品的唯一供给者就失去了合法性的依据。正如世界银行所认为的"在许多国家中，基础设施、社会服务和其他商品及服务由公共机构作为垄断性的提供者来提供不可能产生好的结果"。同样的，城市污水处理设施建设与运营作为公共产品和服务，在设施供给上如摒弃过去简单的政府供给制，引入市场机制，将有利于加强竞争，提高政府的效率和资源的效率，规避"政府失灵"的弊端。

6.1.5.3 有利于打通资金需求缺口的瓶颈

在我国工业化、城市化、现代化的过渡期，即使不存在政府失灵现象，但由于多年来城市经济高速发展、人口急剧膨胀、城市规模不断扩张，城市污水处理设施历史欠账过多，也会因为政府财力严重不足，导致城市污水处理设施的投资出现巨大的融资缺口，因此同样需要市场化的手段弥补资金需求的缺口。

6.1.5.4 有利于推动环保产业的发展

环保产业被誉为"朝阳产业"，是开展环境保护的物质技术基础，具有广阔的市场空间，我国城市污水处理行业的市场份额很大，建设运行费用相当可观。如果引入市场机制，既可以减轻当地政府的压力，也可以使污水处理厂的建设运行获得保证。推行污水处理市场化，可以将一些由社会投资建设运行的工程，一些政府部门想办又办不好的事情转移到社会上去，由社会上的企业或个人投资建设，从而启动环保产业市场，推动环保产业潜在市场向现实市场转变，推动环保产业发展。

6.1.5.5 有利于提高公众环保意识

我国公众环境保护意识相对淡薄，普遍存在"依赖政府型"的环境意识，无主动参与的积极性。其主要原因是公众参与环境保护工作尚没有建立有效的利益驱动机制。推行污水处理市场化，使公众看到了污水处理这片尚未放开的市场，看到了这片市场的利益空间，将有利于调动企业和个人参与污水处理的积极性。

6.1.5.6 有利于改善和加强行政机制的作用

市场化也是地方政府改善和加强行政机制在城市污水处理设施方面所发挥的作用的保证和重要途径。城市污水处理设施建设与运营市场化后，地方政府在既定财政资源约束下，可以扩大污水处理事业的规模、提供更多的服务、改进服务的质量，从而使百姓获得更多更好的环境资源、直接感受到生活质量的提高，进而改善政府形象，减少社会冲突，促进社会长期稳定发展，有利于政府开展工作，包括开展城市污水处理设施建设与运营的工作。

6.1.5.7　有利于提高城市污水处理的效率和服务质量

市场化通常比传统的行政供给制有更多的动力以获得更高的生产效率和服务质量。例如可以通过引进先进的技术、科学的管理和对生产流程进行再造以更快适应外部环境的变化，从而提高城市污水处理行业的生产效率和服务质量。

综上可知，中国城市污水处理设施建设与运营的市场化战略有着巨大的现实意义，城市污水处理回用的市场化管理，有利于缓解资源稀缺的矛盾、融资缺口的矛盾、推进环保产业发展、提高公众环保意识、提高政府在环境领域的管理和服务的水平和质量等方面的积极效应。但是，当前中国城市污水处理设施建设与运营的市场化进程并不顺利，面临着巨大的挑战，主要包括设施供给不足、市场资金流入不积极、技术进步和管理创新的效果不明显、政府职能转变不甚理想等方面的问题。这些问题产生的原因主要在于融资渠道不畅、收费机制不完善、政策法律的供给不足、政府监管不到位、认识上存在偏差等方面，需要通过一系列的政策设计加以解决。

6.1.6　我国城市污水处理回用管理制度框架设计

根据管网在污水处理设施中的特殊地位，城市污水处理回用的管理，在建设环节，政府应承担投资人的责任，在运营环节，可实行政府委托的市场运营模式。此外，在处理与污水处理厂的关系时应坚持"厂网并举，管网先行"的原则。

在建设环节，污水管网的投资仍主要由政府承担。其理论依据和现实的理由主要包括以下几个方面：①从经济学的意义来讲，管网建设投资是一种沉没成本，具有不可控性和不可预测性，在市场化过程中，相对于以利润最大化为目标的企业来说，它是一种非相关成本，在污水处理设施建设与运营的市场化操作过程中，管网建设的市场化决策难于操作，由于沉没成本的不可控性，即使得出的决策也可能是一种错误的决策。因此这部分投资企业也不愿承担，除非政府承担了大量的不可预测的成本，如拆迁成本、施工周期中的各种行政协调成本及各种不可预见的隐性成本等。②从管网属性来看，城市污水收集管网系统与公众利益密切相关，它提供的服务方式具有硬性的强制性特征，它具有一种独特的自然垄断的属性，出于公众利益的考虑，这种自然垄断性往往还要通过立法的形式固定下来，因此它又体现着某种国家意志力，而公共财政又是贯彻国家意志力的最有效的保障。③管网建设是一个系统工程，由企业投资、建设，协调难度巨大。一般来讲，管网建设和城市的整体规划与建设紧密相关，涉及街道开挖、旧城改造、小区建设、路面整治、管线暗埋、绿化景观、路灯照明、河道整治及拆迁补偿等方方面面，所有这些工作需要统筹考虑，协调实施，由政府部门统一组织实施比较可行。④在投资领域，政府应根据城市污水处理设施的整体规划来投资建设污水管网，但在具体建设模式上，可引入市场机制，采取招标方式，让专业公司进行管网建设，政府只需负责资金的拨付和工程质量、进度的监督，以提高建设效率。这种市场化的建设机制在我国上海、四川、深圳的污水管网建设中都有成功的先例，一般的做法是，政府通过管理合同，以"代建制"的形式委托专业公司进行污水收集管网的建设。这种运作模式，可以有效调动市场资源，降低建设成本，减轻政府负担，提高建设效率。综上所述，在城市污水收集管网的建设过程中，政府应扮演投资者的角色，自觉承担投资主体的义务；必须建立稳定规范的财政资金注入渠道，加大投资力度，保证配套管网建设，但在具体的建设方式上，可以引入市场机制，以降低成本，提高效率。

在运营环节，污水管网可实行市场化的委托运营方式。在建设环节，管网投资主要应由公共财政出资，但在建设交付使用后，基于效率的考虑，管网的运营完全可以改变过去由政府管制下的事业单位性质非市场化的运营方式，实行市场化的委托运营。在操作实施过程中，市场化运营的政策机制必须满足管网的特殊属性要求，这种特殊性主要体现在两个方面：一是管网收集系统是污水处理设施的重要组成部分，是污水处理厂有效运行的基本保障，因此污水处理厂与其配套管网之间有着不可分割的有机整体性。与此同时，厂网的统一运营也可以提高企业的管理效率；二是厂网之间可能属于不同的业主，存在着主权分家的特殊产权性质（在下节中我们要讨论污水处理的市场化建设与运营模式），污水处理厂可能由民间投资，而管网属于公共财政投资，因此管网与污水处理厂之间可能分属政府与民间的不同投资主体。在这种厂网主权分家的形式下，需要一种全新的政策机制来保证厂网运营的完整性。

在政府拥有管网产权的情况下，政府可以通过委托合同的形式将管网的运营权和维护权移交给企业，政府通过谈判支付企业一定的运营维护费，不失为一种可以确保运营完整性的有效措施。对于政府而言，通过委托方式将管网交给企业统一管理和维护，一方面可以将管网维护运行的投资风险转移给企业，另一方面也有利于政府集中精力对企业进行监管，提高监管水平；对于企业而言，实行厂网的市场化统一运营，可以更好地符合运营企业的专业化要求，更好地整合企业的管理资源，更好地实现企业的规模经营，更好地提高企业的管理效率。

厂网之间在规划、设计、建设阶段的时序要求应坚持"厂网并举，管网先行"的原则。在全国各地的工作实践来看，却存在大量的常识性错误，许多污水厂在建设验收完工后却无污水或无足够的污水可以收集，其原因是管网建设不配套，或者落后于污水处理厂建设，致使斥巨资建成的污水处理厂成为所谓的"晒太阳工程"，这种现象在全国各地大量存在，造成这一现象的主要原因：一是地方地府官员把污水处理厂建设作为面子工程、政绩工程来运作，不顾厂网必须配套进行的科学原则，二是在污水处理厂的市场化实践中厂网是分开建设的，污水处理厂的厂区通过 BOT 招标引进社会资金建设，污水管网由政府负责投资配套建设。配套的管网建设资金来源无保障，往往不能按时配套完工。由于管网不配套，一些城市建好污水厂后，无污水供给或供给不足，只好"晒太阳"。

因此，我们在进行策略设计时，立法部门及政府有关部门要出台有关法律规章，通过立法形式就这一常识性的问题进行严格立法，硬性规定：配套污水管网必须先于污水处理厂规划、设计和建设；建设城市污水干管的同时，要加强排污支管、毛细管的规划与建设；污水处理厂的建成规模要与管网收集输送的污水量相匹配。污水处理回用管理制度框架如图 6-1 所示。

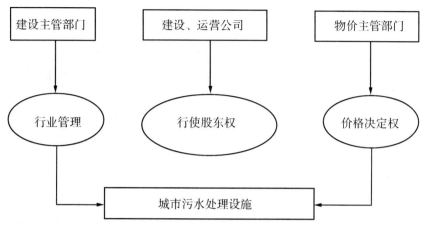

图 6-1　污水处理回用管理制度框架

6.2　再生水水价管理制度

6.2.1　研究背景

　　我国污水资源化发展迅速，并取得了一定的成效，再生水回用的优越性也越来越得到人们的认可，但是目前我国污水资源化利用率还很低，并且各地区差异很大，发展极不平衡。在推广污水再生回用进程中，再生水的价格问题是一个关键。最严格的水资源管理制度进一步细化后，相关部门再用价格杠杆进一步加大水资源回收利用的支持力度，未来几年污水处理行业，无疑将迎来又一波繁荣行情。

　　此前，污水处理企业的客户主要局限在绿化、景观补水等领域，存在价格低、用量少且不稳定等发展瓶颈，加上取水价格的差异性不明显，供需双方的积极性都不高。随着扶持政策逐步到位，污水处理企业生产成本将明显降低；同时伴随企业排污成本的提高，工业领域的市场有望率先取得突破，污水处理行业即将进入高速发展阶段。"十二五"期间，排污权交易、排污收费制度逐步推行，工业企业有进行污水回用的自发需求。

　　近些年，我国污水处理行业的主要推动因素是污水处理率的提高、污水处理价格的上涨。我国城市污水处理率由 2004 年的 45% 提高到 2009 年的 73%。据中国水网统计，截至 2010 年底，全国 36 个大中城市居民生活用水到户水价平均值为 2.65 元/m³，其中自来水价格平均值为 1.93 元/m³，在到户水价中占比 73%，污水处理费平均值为 0.78 元/m³，在到户水价中所占比例仅为 27%。我国污水处理价格与发达国家相比也有不少差距，据统计，美国自来水费有 55% 以上是污水处理费，英国的这个比例是 41%，丹麦、德国污水处理费分别为供水价格的 1.6 倍和 1.2 倍，各国水价虽有不同，但污水处理费一般都高于供水价格，而我国，除少数省份工业污水处理费要高于工业用水价格外，大部分地区都是要远低于 40% 的标准。

6.2.2 我国典型城市再生水价格现状

6.2.2.1 再生水价格整体状况

由于我国自来水价格及水资源费均明显偏低，加之再生水的供水成本相对较高，因此制定合理的再生水价格是非常困难的。现实中的再生水价格要么偏高，造成市场需求不足，再生水回用量常常达不到设计规模；要么水价偏低，导致再生水生产企业难以回收其成本和投资，这严重制约了我国污水资源化事业的发展。再生水定价的一个显著特点是，再生水价格受到整个水费体系的约束，自来水价格、水资源费、城市污水处理费等都对再生水价格的制定产生影响。例如在自来水价格较低的情况下，再生水在制定价格时要以自来水价为重要依据；而当自来水价格较高时，再生水价格与自来水价格之间的关系并不密切，这在发达国家的水价体系中得到验证。

再生水定价的另一个特点是，与供水、供电、燃气等其他自然垄断行业相似，再生水价格往往是由政府管制机构确定的。政府的价格管制及进入管制在自然垄断行业是必要的，这有利于解决因过度投资及垄断所造成的效率损失。然而，在自来水价格明显偏低的情况下，对垄断影响经济效率的考虑是不必要的，因为再生水价格受到自来水价格的约束，而使得再生水生产企业无法获得较高的垄断利润，甚至难以"保本"。此外，再生水回用行业尚不足以关系到国民经济的命脉，政府不必对其加强控制。在此情况下，引入市场定价机制是可行的，且市场定价往往能实现较高的经济效率。

资料统计结果表明，截至 2010 年底，全国共有 16 个省（自治区、直辖市）对再生水资源费征收了费用或制定了价格，通过价格机制促进再生水利用工作的开展，减缓当地水资源供需矛盾。2010 年全国再生水利用量 9.41 亿 m^3，征收再生水资源费 2.49 亿元。全国各省市（自治区、直辖市）有关再生水价格信息统计结果见表 6-1。

表 6-1 省（自治区、直辖市）再生水价格及再生水资源费征收统计

	再生水利用量（万 m^3/a）	再生水价格（元/m^3）					再生水费（万元/a）
		地下水回灌	工业	农林牧业	城市非饮用	景观环境	
全国	94 089	0.50~1.00	0.30~6.10	0.40~1.00	0.35~1.80	0.40~1.20	24 858

据调查资料显示，全国各地再生水价格差异较大，同时，结合实地调研结果，全国各地再生水价格情况如下：

（1）北京工业用水在 1~1.79 元/m^3，其他均为 1.0 元/m^3。

（2）天津再生水实行阶梯价位：居民生活用水 1.1 元/m^3；电厂用水 1.5 元/m^3；工业、行政事业、经营服务用水 3.1 元/m^3；特种行业（洗车、建筑临时用水）用水 4.0 元/m^3，天津开发区工业再生水 5.5 元/m^3。

（3）山东用于地下水回灌的再生水 1 元/m^3，工业用再生水 0.5~1.2 元/m^3，农林牧

业用再生水 0.5~1 元/m³，城市非饮用再生水 0.6~1.2 元/m³，景观用再生水 0.4~1 元/m³。

（4）江苏省南通县再生水用于地下回灌价格 0.50 元/m³，工业用再生水 6.10 元/m³，沛县则暂未征收。

（5）广东深圳市污水处理回用于工业方面、城市非饮用方面和景观环境方面的再生水价格分别为 1.5 元/m³、1.8 元/m³ 和 1.05 元/m³。

（6）乌鲁木齐市定价工业再生水价格为 0.4 元/m³，农业再生水 0.1 元/m³。

（7）甘肃张掖工业再生水 0.2 元/m³。

综上所述，江苏省工业用再生水定价 6.10 元，为全国最高，其次天津开发区工业再生水定价 5.5 元，甘肃张掖工业再生水定价 0.2 元，为工业用水中最低，乌鲁木齐市农业再生水价格为 0.1 元，为全国再生水价格中最低，其他一般均在 0.5~1.8 元，城市景观用水一般为 0.4~1.0 元。

各省市（自治区、直辖市）的再生水销售及再生水资源费征收情况如图 6-2 所示。

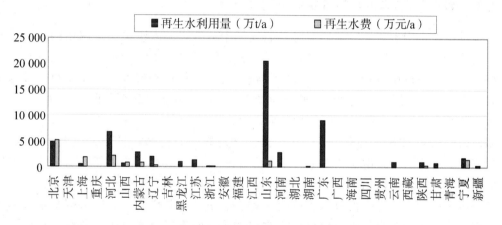

图 6-2 各省市（自治区、直辖市）的再生水销售及再生水资源费征收情况

图 6-2 统计结果显示，截至 2010 年底，开展再生水销售并有再生水资源费收入的省（自治区、直辖市）有北京、天津、河北、山西、内蒙古、辽宁、黑龙江、浙江、山东、河南、云南、陕西、甘肃、宁夏和新疆。但再生水量和销售收入比例差别比较大。这与再生水价格和政策有关。如天津平均价格为 3.2 元/m³，最低 1.1 元/m³，最高 5.5 元/m³，因此，再生水收入相对较高。河南郑州市目前自来水价格为 2.4 元/m³，再生水价格为 0.75 元/m³，上报资料显示再生水量为 1.68×10⁷ m³/a，但并未征收再生水资源费。甘肃张掖再生水价格为 0.2 元/m³，为全国工业回用水最低价。

6.2.2.2 水价构成（以西安为例）

据西安市物价局价格监测中心数据，自 2007 年 4 月 1 日起实施新的水价标准。这是安市 2007 年价格改革的一项重要内容。这次调整水价的总体安排：自来水用户平均付额每立方米由 2.91 元调整为 3.55 元，提高 0.64 元，提高幅度 22%。其中：

（1）水利工程供水价格：黑河水利工程供水、自来水输配水价格，抄表到户改造等费用每立方米由 2.15 元调至 2.45 元，提高 0.30 元，调价幅度 13.9%。

（2）自来水价格：居民生活用水每立方米由 2.45 元调至 2.90 元，提高 0.45 元，调价幅度为 18%；工业水每立方米由 2.90 元调至 3.45 元，提高 0.55 元，调价幅度为 19%；行政事业用水每立方米由 3.25 元调至 3.85 元，提高 0.60 元，调价幅度为 18%；经营服务用水每立方米由 3.65 元调至 4.30 元，提高 0.65 元，提高幅度 18%；特种行业用水每立方米由 14 元调至 17 元，提高 3 元，提价幅度 21%。

（3）污水处理费：污水处理费每立方米平均由 0.56 元提高到 0.80 元，提高 0.24 元，调价幅度 43%。

（4）水资源费：水资源费每立方米由 0.20 元提高到 0.30 元，提高 0.10 元，调价幅度 50%。本次调整的自来水价格不包括再生水价格。污水再生利用是一项新兴行业，再生水价的制定对污水再生利用的顺利实施起着重要的作用，再生水定价应考虑水厂内部收益及还贷能力、用水单位的承受能力以及现时国内的物价水平，再生水价格以略高于成本价为宜。

6.2.3 我国城市合理的再生水定价机制研究

目前有关再生水定价问题的系统性研究还十分有限，由于再生水回用的主要目的之一是代替自来水，以解决水资源短缺的危机，所以再生水的价格常常是以自来水的价格为参照物进行比较的。按国际通行惯例，再生水价格一般为自来水价格的 50%～70%。在再生水回用已成产业化、规模化的发达国家，其价格甚至更低。如以色列的再生水水价为自来水水价的 1/3，日本的再生水水费为饮用水水费的 1/8，另外，在一些自来水价格很高的发达国家，再生水价格的确定并不以自来水价格为主要参考依据，其价格的确定方法与其他自然垄断行业是基本一致的，这种方法显然不适合我国水价偏低以及人均收入较低的国家。

国内现有的再生水定价方法主要有两种：一是成本基础定价，即根据平均成本加合理报酬率的原则确定再生水价格；二是根据用户的支付意愿定价，调查用户对再生水的支付意愿并将其作为再生水定价的依据，例如调查用户愿意支付的再生水价格占自来水价格的百分比。

上述两种方法在现实中都存在着很大的局限性。对于成本基础定价，虽具有操作简便、易于为社会各方所接受等优点，但该方法存在着很多问题。由于再生水的制水成本相差较大，故在由政府制定统一价格时，其平均成本的确定存在很大的问题，往往会引起争议。同时，政府难以得到有关各企业关于再生水生产成本的完全信息，对平均成本的估计往往偏离实际。

同时，目前各地普遍实行统一的再生水价格，例如北京市目前规定再生水价格为 1.00 元/m³，这种统一价格既不利于满足市场有效需求，又不利于再生水生产企业收回成本，其经济效率较低。

再生水定价在实践中还存在其他一些问题。它由主管部门确定的，在实际水价的确定过程中，虽然引入了价格听证会制度，但往往流于形式。管理机制，价格形成机制很不健全。同时再生水价格一般都是由政府物价部门或其存在着较大的随意性和主观性。此外，再生水定价过程中缺乏配套的价格体系，自来水价格普遍偏低于确定的价格。

6.2.3.1　再生水价格构成要素分析

目前我国城市自来水价格主要由五部分构成：水资源价值、供水成本、外部成本、税金、利润。

水资源费体现了水资源的稀缺性、水资源产权和投入水资源再生产过程中的劳动价值，再生水价格构成中不应该包括水资源费，因为水资源费是国家掌握水资源所有权，通过使用权和经营权的转让而向开发利用者收取的费用。而再生水本身是对污水的循环利用，与自然水的净化利用有着本质的区别。再生水价格从理论上应由四部分构成，即工程水价、环境水价（外部成本）、利润和税收。其中，工程水价包括三部分：工程费，即再生水处理厂的建设、再生水输水管道的铺设等费用；服务费，即运行费、经营费、管理费、为维护费、维修费等费用；资本费，即投资利息和设备折旧等。环境水价，是指经使用的再生水排出后污染他人或公共环境，为污染的治理和环境保护所需付出的费用。但因为再生水中它本身就是对污水的处理，对它再征收排污费和污水处理费属于双重收费，并且不能刺激消费者使用再生水。因此，也不应该包含外部成本或者排污费和污水处理费。由于再生水属于环保产业对经济的可持续发展具有重要的意义，因此，再生水企业的税金应该是低税率或者零税率。再生水是污水处理产业链条的延伸，具有较大的正的外部效应，并且再生水的生产和污水的处理具有一定的同步性，因此，再生水价格中就不应该包含再生水企业（污水处理企业）的利润。污水处理企业的利润应该来源于污水处理。

因此，再生水的价格应该仅仅包括再生水的供水成本。但考虑到再生水企业也要参与到市场竞争中去，需要一定的资金用于扩大再生产，仅以供水成本作为销售价格会影响到再生水企业生产的积极性，不利用发展可持续的水循环经济，所以再生水的价格应该包括供水成本、税金和利润三部分。

按世界银行对于投资结果界定的基础设施持续运行能力的定义："一个基础设施项目带来的经济返还率如不大于机会成本的话，至少也应等于资本的机会成本。它包括项目投入资本、运行和维护成本。否则，就不能被认为具有可持续性。"所以，再生水价格中的工程水价体现了对再生水工程可持续运行能力的保护，是再生水价格的重要构成要素。

6.2.3.2　再生水定价的影响因素

从再生水企业简单再生产的角度分析，再生水中的工程水价应是企业成本的反映。因为再生水企业的预付资金能否得到补偿，关键是看其所售再生水价格与成本的关系，只有再生水的价格等于制水成本，资金消耗才能得到完全的补偿，再生水企业的简单再生产才能维持。另外，从再生水企业扩大再生产的角度考虑，如果再生水的价格低于再生水的生产成本，资金消耗就得不到补偿，预付资金就会减少，那么再生水企业会产生亏损。企业就难以为扩大再生产积累足够的资金，从而影响再生水企业可持续利用的扩大再生产。不难得出这样的结论：再生水定价区间下限至少应为再生水的供水成本，即工程水价部分。鉴于我国再生水回用技术及设备条件，再生水的用途较自来水仍有较大的局限性，仅能在工业及生活杂用水等方面使用，再生水价格若高于自来水的价格，用水户会继续使用物美价廉的自来水而拒绝使用再生水，所以，从用户角度分析，再生水价格应低于自来水的价格，即再生水定价区间上限应低于自来水的水价。

除了再生水的正常成本，由于其特殊性，再生水价格的制定还受到其他许多因素的影响。①供求关系：水的需求超过供给能力时，水价会上涨。对再生水而言，其受供求关系的影响在再生水价格低于自来水价格条件下才有效的。理顺自来水和再生水价格才能使水资源在市场经济中发挥作用。②政策因素：由于历史原因，国际上每个国家的供水事业普遍具有公益性，政府为城市供水事业支付大量的财政补贴，实行供水国家补贴政策，尤其是对生活饮用水。水价是由国家或地方政府进行调控的。再生水价格的制定需要政策的支持，这样才能从经济上刺激用户对再生水的接受。③社会因素：为了保证社会的稳定，提供人们的基本生活条件，水价的制定需要考虑用户的经济承受能力。社会经济发展水平高，水价才能达到全成本水价和微利水价。

6.2.3.3 再生水价格制定的原则和依据

（1）效率原则。合理的再生水价格应有利于提高再生水回用行业自身的效率，促进再生水回用行业健康发展，同时还应有利于促进水资源配置效率的提高。此外，再生水价格的制定还应考虑水价的实施成本，在制定再生水价格时不应划分得过于精细，以至于实施成本过大，难以管理。

（2）成本回收和合理利润原则。合理的再生水定价首先应考虑对再生水工程建设投资及生产成本的回收，保证工程的运行管理、大修、设备更新等。由于城市再生水供给单位属企业性质，所以在制定水价时除了核算再生水的商品成本外，还必须考虑有合理的利润，这样既能保证企业的扩大再生产，又能保证企业筹资渠道的多样化。当然利润率应是合理的，应为企业自我积累和自主投资创造条件，同时照顾不同用户的承受能力。

（3）用户承受能力原则。由于再生水主要作为自来水及其他水资源的替代品，而我国长期以来水价均普遍较低，因此目前人们对再生水价格的心理承受能力较低。此外，再生水水质也是人们在使用时所担心的问题，对水质的顾虑也降低了人们对水价的心理承受能力。因此，再生水定价过程中一定要考虑用户的承受能力，制定出能为用户所普遍接受的价格。

（4）区域定价原则。再生水供给具有很强的区域性。由于各地区自然地理条件、社会经济条件、水资源供求状况及污水处理状况等相差很大，因此再生水价格应根据不同地区的具体情况分别制定。即使在同一地区，由于再生水回用工程本身具有特殊性，其工艺、规模、再生水水源、出水水质等因素有所不同，难以相互比较，因此在某些特殊情况下需要单独定价，即采用单个工程定价的原则。

（5）可持续发展原则。由于再生水回用能有效节约稀缺的水资源、减少排污、促进污水处理，因此是实现社会经济可持续发展的重要途径。再生水在定价过程中应充分考虑其回用所带来的环境效益和社会效益。合理的再生水价格应是既能促进社会对再生水需求的增长，又能保证再生水工程的可持续运行。此外，再生水价格不应是固定不变的，应能随着物价变动、技术进步，以及人们收入增长和对其接受能力的提高而及时地变动。

再生水资源作为一种特殊的商品，其定价十分复杂，不仅要考虑公平性和平等性原则以及高效配置，还要考虑成本回收和可持续发展。具体实施中，根据具体情况区别对待，再生水的定价不仅要兼顾上述定价原则，还需要与自来水的价格相协调。再生水的使用在我国尚未普及，还需要政府给予政策上的支持，随着再生水使用范围的扩大和规模的提高，再生水的价格将逐渐由市场经济所决定并加以规范。再生水定价的主要依据应从两方面考虑，一是从其作为准公共品的产品特征考虑，二是从其资源型产品的商品属性考虑。

6.2.3.4　再生水定价的基本程序

按照《中华人民共和国价格法》，对于公益性、垄断性较强的城市污水再生事业，由于密切关系社会、环境整体质量和群众切身利益，政府必须对其价格进行调控和监管，而通过市场资本取得的特许经营权则不包含定价权，但享有定价建议权。同时，不同区域发展水平、污水再生利用情况各不相同，必须正确处理政府监管权限，将适当的权限赋予地方政府，由地方政府根据实际情况对建议定价的适用范围、价格水平，按照规定的权限和程序进行调查、调整。

实际上，自 1998 年国家计委和建设部颁布出台《城市供水价格管理办法》后，水价调整审批权已经由中央政府下放到地方政府，同时建立了听证会制度，充分重视公众参与，管制部门通过价格听证会，可以掌握公众对再生水的支付意愿，并更有效地实现对相关部门收费行为的监督。从理论上讲，该定价程序综合考虑到污水再生运营主体的利益、同行业的相关情况、用户支付意愿以及专业人士的意见和建议，政府管制过程体现了公开性、透明性和法制化原则，应具有较好的实施效果。但在实际执行过程中，由于各参与主体出发点不同，对于污水再生运营主体，必然希望获得最大利益，其建议定价可能定在较高的水平，必须由价格主管部门对其进行严格的成本调查，并结合同行业调查情况核实其建议定价，对于政府定价与建议定价差别较大，不足以补偿简单再生产的，必须建立稳定的成本补偿机制；而由于污水再生是与社会福利、环境质量、健康密切相关的公共事业，用户支付意愿是决定再生水价的关键因素，必须进行充分的用户调查，在此基础上结合建议定价初步确定再生水价，确保再生水推广利用。而为了协调各方面利益、保证再生水价格的合理性，必须充分重视公众参与，完善价格听证会制度。

同时，由于我国长期以来管理体制混乱、政企不分现象十分严重，必须切断政府管制部门与污水再生运营主体之间的利益关系，通过司法监察、行政监察、社会舆论监察等方式加大价格管制过程中的监察力度，防止腐败现象的发生，确保公众利益不受损害。总的来说，由政府定价既要统一管理，又要能够灵活调整，参照我国城市供水价格的制定法和定价程序，对于污水再生，其基本的定价程序可先由污水再生运营主体提出合理的定价建议，由地方价格主管部门对建议定价开展成本调查、同行业调查、用户调查后初步确定价格，然后主持召开价格听证会，听取消费者、经营者、专业人士等多方面意见，讨论其可行性、必要性，由政府确定最终价格，并报上一级价格主管部门备案后，向消费者、经营者公布，同时再生水价如有变动必须报经政府重新审批。具体定价流程如图6-3所示。

而对于政府补贴后仍有亏损的或需要合理补偿扩大再生产投资的，运营主体可向当地政府价格主管部门提出书面调价申请，经审核后报所在城市人民政府批准后执行，并报上一级人民政府价格和供水行政主管部门备案。

6.2.4 我国城市再生水价格财政补贴机制研究

再生水回用是非常必要的，能产生巨大的经济效益，同时它所产生的社会效益还要大于它的经济效益，政府对再生水回用应持鼓励的态度。但是，由于再生水回用具有自然垄断性和外部性，使得再生水市场的发展不可能单纯通过价格机制来解决问题。再生水利用仍然属于新兴产业，如果完全地依靠市场经济，再生水企业很难与已经经营了上百年、在计划经济体制下积累了庞大的固定资产、形成了成熟网络的自来水企业相竞争，也无法与其他较低成本的水源如地表水

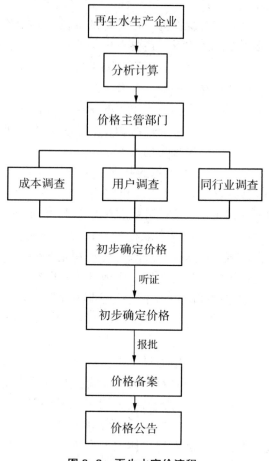

图6-3　再生水定价流程

等竞争，因此政府必须要对再生水回用给予必要的财政补贴。

6.2.4.1 再生水回用项目建设给予贴息或免息贷款

由于再生水回用产业刚刚起步，且属于公益型行业，目前，再生水回用项目处于初期亏损经营的状态，为更好地推动再生水回用产业的发展，使再生水回用真正实现企业化运作，根据国家相关文件的精神，初期应当对再生水回用项目给予建设贷款贴息或免息。

6.2.4.2 再生水项目应免征相应税费

由于再生水回用属于新兴扶持产业，再生水供水企业作为环保型公益企业，目前国家对此行业划分尚未明确界定。再生水产业作为污水处理产业的发展和延伸，同时又具有供水行业性质，应尽快实施国家污水产业发展的相关政策，参照《国务院关于加强城市供水节水和水污染防治工作的通知》（国发〔2000〕36号）文件精神，建议对再生水费免征增值税，对再生水经营企业免征所得税。

6.2.4.3 再生水管网建设应纳入城市基础设施配套范围

再生水输水管网的建设资金约占再生水利用项目总投资的30%~40%，再生水厂的

建设资金约占 60%～70%。水厂及输水管网等设施属于城市基础设施，按当前给水、排水等基础设施管网建设的惯例，一般应由政府投资建设。

6.2.5　政策建议

部分城市相继出台了城市供水价格调整方案，对于促进节约用水和水污染防治，缓解供水和污水处理单位的运行困难，保障城市供水和污水处理行业健康发展起到了积极作用。但也有少数地方因调价方案和调价程序不完善，宣传解释工作不到位，群众反映强烈。对此，《国家发展改革委、住房城乡建设部关于做好城市供水价格管理工作有关问题的通知》提出，当前水价调整的总体要求：一是要以建立有利于促进节约用水、合理配置水资源和提高用水效率为核心的水价形成机制为目标，促进水资源的可持续利用。二是要统筹社会经济发展和供水、污水处理行业健康发展的需要，重点缓解污水处理费偏低的问题。要充分考虑社会承受能力，合理把握水价调整的力度和时机，防止集中出台调价项目。三是要切实做好宣传解释工作，争取社会的理解与支持，确保水价调整工作的平稳实施。

为实现再生水的可持续利用，基于水价的合理确定，建议在以下几个方面进行改革发展。

6.2.5.1　理顺水价结构

一是简化水价分类。要按照"补偿成本、合理收益、促进节水和公平负担"的原则，综合考虑当地各类用水的结构，逐步将现行城市供水价格分类简化为居民生活用水、非居民生活用水和特种用水三类。其中，非居民生活用水包括工业、经营服务用水和行政事业单位用水等。特种用水主要包括洗浴、洗车用水等，特种用水范围各地可根据当地实际自行确定。二是突出调整重点。污水处理费偏低的地区，调整城镇水价时要优先调整污水处理费标准。同时，要综合考虑供水和污水处理单位的运营情况，着力解决供水和污水处理行业发展面临的问题，促进供排水行业协调发展。三是理顺再生水与城市供水的比价关系。各地要加大再生水设施建设的投入，研究制定对再生水的生产使用的优惠政策，努力降低再生水使用成本。再生水水价的确定，要结合再生水水质、用途等情况，与自来水价格保持适当差价，鼓励再生水的使用。具备条件的地区，要强制部分行业使用再生水，扩大再生水使用范围。

6.2.5.2　完善水价计价方式

一是积极推行居民生活用水阶梯式水价和非居民用水超定额用水加价制度。具备条件的地区，要尽快实施居民生活用水阶梯式水价制度，合理确定不同级别的水量基数及其比价关系，减少水价调整对低收入家庭的影响，提高居民节水意识。对非居民生活用水，要继续实施超定额累进加价制度。二是尽快对环卫、绿化等市政公用设施用水实行计量计价。实施按用水量计取水费，促进节水和降低供水企业产销差。三是适当确定各级水量间的差价。实行阶梯式水价和超定额加价的城市，可在合理核定各级水量基数的情况下，适当扩大各级水量间的价差，促进节约用水。

6.2.5.3　加大行业宣传

要充分认识做好宣传工作的重要性，将宣传工作贯穿于水价调整的全过程。要拟订详细和便于社会理解的宣传方案，采取多种方式，向群众充分解释当前水资源和水污染治理面临的形势，加大节水和污水处理力度的紧迫性，供水及污水处理单位运行面临的困难，对低收入家庭的照顾措施，以及政府在供水及污水处理等方面的投入和补贴政策等相关措施，全面阐述水价调整的必要性，正确引导社会舆论，为推进水价改革创造良好的社会氛围。

6.2.5.4　建立城乡水务一体化管理体制

经发达国家经验表明，城乡水务一体化管理体制是符合水的客观规律、克服水资源短缺和污染危机、保障水资源可持续利用的先进管理模式。从行政层面上讲，就是成立以水利部门为核心的水务管理机构，作为政府管理涉水事务的行政主管部门，对涉水行政事务实行统一管理和全面监督。在水务市场经营管理层面上，根据市场运作的机制，鼓励、扶持市场主体积极参与组建集水源建设、供水排水、污水处理为一体的水务企业。

6.3　城市污水处理回用设施建设"以奖代补"政策研究

财政部 2007 年发布《城镇污水处理设施配套管网以奖代补资金管理暂行办法》（财建〔2007〕730 号），2009 年印发了《城镇污水处理设施配套管网建设以奖代补专项资金管理办法》（财建〔2009〕501 号），2011 年发布了《"十二五"期间城镇污水处理设施配套管网建设项目资金管理办法》。

据相关资料，针对城市污水处理回用，财政部与国税总局正在制定对再生水生产企业免征增值税的政策。水利部会同国务院法制办准备出台污水处理回用条例，目前正在立法调研和征求意见阶段。同时，水利部会同财政部等有关部门，正在研究制定污水处理回用设施以及再生水管网的以奖代补政策。

6.3.1　政策的必要性与迫切性

新形势下，实施城市污水处理回用设施与管网建设"以奖代补"政策，对于促进城市污水处理行业发展具有重要作用，有利于改善民生，有利于落实节能减排，有利于完善城市水务行业体系。

6.3.2　政策的可行性

"以奖代补"政策也是财政补贴的一种形式。财政补贴是指国家财政为了实现特定的政治经济和社会目标，向企业或个人提供的一种补偿。它主要是在一定时期内对生产或经营某些销售价格低于成本的企业或因提高商品销售价格而给予企业和消费者的经济补偿。

它是国家财政通过对分配的干预，调节国民经济和社会生活的一种手段，目的是为了支持生产发展，调节供求关系，稳定市场物价，维护生产经营者或消费者的利益。财政补贴在一定时期内适当运用有益于协调政治、经济和社会中出现的利益矛盾，起到稳定物价、保护生产经营者和消费者的利益、维护社会安定，促进有计划商品经济发展的积极作用。但是，价格补贴范围过广，项目过多，也会带来弊端。它使价格关系扭曲，掩盖各类商品之间的真实比价关系；加剧财政困难，削弱国家的宏观调控能力；给予按劳分配为原则的工资制度改革带来不利影响；不利于控制消费，减少浪费，提高经济效益。

财政补贴是一种转移性支出。从政府角度看，支付是无偿的；从领取补贴者角度看，意味着实际收入的增加，经济状况较之前有所改善。财政补贴总与相对价格的变动联系在一起，它具有改变资源配置结构、供给结构、需求结构的优点。我们可以把财政补贴定义为一种影响相对价格结构，从而可以改变资源配置结构、供给结构和需求结构的政府无偿支出。国家为了实现特定的政治经济目标，由财政安排专项基金向国有企业或劳动者个人提供的一种资助。我国现行的财政补贴主要包括价格补贴、企业亏损补贴等。补贴的对象是国有企业和居民等。补贴的范围涉及工业、农业、商业、交通运输业、建筑业、外贸等国民经济各部门和生产、流通、消费各环节及居民生活各方面。从补贴的主体划分，财政补贴分为中央财政补贴和地方财政补贴。中央财政补贴列入中央财政预算。中央财政负责对中央所属国有企业由于政策原因发生的亏损予以补贴，同时对一部分主要农副产品和工业品的销售价格低于购价或成本价的部分予以补贴。地方财政补贴列入地方财政预算。地方财政负责对地方所属的国有企业由于政策原因而发生的亏损予以补贴，也对一部分农副产品销售价格低于购价的部分予以补贴。

财政补贴是在特定的条件下，为了发展社会主义经济和保障劳动者的福利而采取的一项财政措施。它具有双重作用：一方面，财政补贴是国家调节国民经济和社会生活的重要杠杆。运用财政补贴特别是价格补贴，能够保持市场销售价格的基本稳定，保证城乡居民的基本生活水平，有利于合理分配国民收入，有利于合理利用和开发资源。另一方面，补贴范围过广，项目过多也会扭曲比价关系，削弱价格作为经济杠杆的作用，妨碍正确核算成本和效益，掩盖企业的经营性亏损，不利于促使企业改善经营管理；如果补贴数额过大，超越国家财力所能，就会成为国家财政的沉重负担，影响经济建设规模，阻滞经济发展速度。

我国从 1953 年起实行财政补贴政策。20 世纪 50~60 年代，财政补贴的范围小、数量少，国家财政能够及时调整补贴政策，使补贴与当时的财政承受能力基本相适应。从 1979 年起，为了改革不合理的价格和支持农业生产发展，国家对主要农产品的销售实行了"价格基本稳定，购销价差由财政补贴"的政策，同时，对一些与人民日常生活相关的工业消费品以及煤炭石油等基础工业产品也实行了亏损补贴政策，致使财政补贴总额猛增。1978~1989 年，国家财政负担的价格补贴和企业政策性亏损补贴由 135.99 亿元增加到 972.43 亿元，增长了 6.2 倍，占国家财政支出的比重由 1978 年的 1%上升到 1989 年的 12.9%。

6.3.3　政策的总体构想

《"十二五"期间城镇污水处理设施配套管网建设项目资金管理办法》提出：中央财政设立专项用于支持城镇污水处理设施配套管网及污水泵站建设的资金。专项资金实行中央对省级政府专项转移支付，具体项目安排和资金管理由省级政府负总责，项目所在地的市或县级人民政府负责具体项目组织实施。各级住房和城乡建设部门负责指导、组织实施和监督污水管网工程建设，财政部门负责下达、管理和监督专项资金使用。专项资金管理按照公开、公平、公正原则，接受社会监督。关于专项资金分配原则和标准，资金分配采取"集中支持"和"整体推进"两种方式。集中支持是指对重点流域县及重点镇污水管网建设集中支持，区域推进，干一个，完一个。整体推进是指对集中支持以外的其他地区污水管网建设实行以奖代补。集中支持地区县及重点镇污水管网建设，专项资金按"十二五"建设任务量和控制投资额予以补助，区分东部、中部和西部地区，分别补助控制投资额的 40%、60% 和 80%。控制投资额根据"十二五"建设任务量和核定的单位控制建设成本计算确定。集中支持地区"十二五"建设任务量包括"十二五"期间新建和在建污水管网项目。污水管网建设成本主要包括污水管道、污水泵站等工程建设费用支出。对整体推进地区污水管网建设，专项资金根据住房和城乡建设部核定的各省上年新增污水处理能力、上年新增污水处理量、上年污水处理设施运行新增 COD（化学需氧量）等主要污染物削减量实行以奖代补。根据地方财力、集中支持地区分布和污水管网建设需求情况，区分东部、中部和西部地区分别核定以奖代补资金。对于专项资金安排与使用，由省级政府统筹安排，鼓励将专项资金集中安排使用。对集中支持地区的县及重点镇污水管网建设，要确保干一个县（或镇），完一个县（或镇）；对整体推进地区的污水管网建设，也要加大资金集中使用力度，干一个项目，完一个项目，避免出现"半拉子"工程。专项资金实行专款专用。其中：集中支持的专项资金必须安排用于集中支持地区"十二五"建设任务内的污水管网项目建设；为鼓励地方早建设、早完成任务，对地方利用自筹资金建成的集中支持地区"十二五"建设任务内的污水管网项目，专项资金下达后可用于项目资金归垫；集中支持地区污水管网建设任务完成后，专项资金如有结余，由省里统筹纳入整体推进资金管理。整体推进的专项资金可用于整体推进地区污水管网建设，也可调剂用于集中支持地区的污水管网建设；具体项目安排可用于新建和在建污水管网项目建设，也可用于 2010 年以来建成的污水管网项目资金归垫；污水管网项目建设完成后，专项资金如有结余，可用于污水管网养护和污水处理设施运营。

6.3.4　政策工具的主要内容

城市污水处理回用实施和管网建设"以奖代补"政策已经进行了多个阶段的试点实施工作。

2008 年，内蒙古在投入补贴资金 4 000 万元的基础上，进一步采取"以奖代补"的方式，对新建或在建的城镇污水、垃圾集中处理设施给予奖励补助。按照内蒙古拟订的"以奖代补"专项资金管理办法，"以奖代补"专项资金由自治区财政安排预算，规定凡纳入内蒙古"十一五"城镇污水处理及再生资源利用的设施，以及相关流域污水处理规划的项目，均可申请奖励资金，奖励将采取直接支付的形式。但已获得国债专项资金且主体工程已完工的项目不得再申请奖励。此外，为支持加快设施建设进度，奖励资金将按项目开工、投入运行两个阶段分次核定下达。在奖励金额上，符合条件的新建或在建的城镇污水集中处理厂，每万吨将按不低于 300 万元的标准予以奖励补助，但单个项目的奖励补助金额最多不超过 1 000 万元。单纯的配套污水管网项目，每万吨以不低于 100 万元予以奖励补助，每个项目的奖励金额最多不超过 500 万元。

2010 年，山西省为做好城镇污水处理设施建设和运行工作，加快推进全省生态文明建设，从今年开始，省财政设立了县城镇污水处理运行专项奖励补助资金，采取"以奖代补"的方式补助县城镇污水处理设施运营经费，切实解决该省污水处理设施在建设和运行过程中存在的建设资金不足、管网不配套及技术力量薄弱等问题。"以奖代补"范围主要是已建成并投入使用的县城镇污水处理厂，奖励补助经费与污水处理量挂钩，即按照省住房和城乡建设厅考核认定的年度污水处理量，每处理 1 t 污水奖励补助 0.1 元。另外，按照有关规定，领取补助资金还需符合三个条件：一是要按照规定的标准开征污水处理费；二是各市、县要制定污水处理运行经费核拨办法，保障污水设施的正常运行；三是城镇污水处理企业要达到省考核的合格标准。

2010 年，天津市汉沽区在全市率先采取以奖代补的方式，每年出资 1 000 万元支持环保治理项目。污染减排以奖代补专项资金支持的对象为区内企业和单位，支持的项目包括燃煤设施改燃天然气、煤制气、秸秆制气等清洁能源的燃料结构调整项目；二氧化硫污染减排项目，"三废"污染治理项目；以污水回用为目的的污水资源化项目、污水零排放项目、污水提标项目、中水回用项目；饮用水保护区污染治理项目；技术和工艺符合环保及其他清洁生产要求的污染源防治项目；污染防治新技术、新工艺的推广应用项目，清洁生产技术、工艺的推广应用项目；环境保护监察、监测能力提高项目以及区域环境安全保障项目等。政策还规定，以奖代补专项资金奖励金额原则上不超过项目环保设施实际发生费用总额的 30%，脱硫项目可放宽至 40%，单一环保治理项目最高奖励限额为 300 万元。

6.3.5　政策建议

（1）把握项目建设资金的管理要求，做好项目财务管理的基础工作。按规定设置独立的银行账户，专项专户核算项目建设资金。避免将专项资金与其他资金混存混用，从账户源头上避免挤占、挪用建设资金。规范水利"以奖代补"专项资金的会计核算办法，实行一项一结制度。某项目完工，应及时将会计核算账目与项目计划、预决算报告、项目验收单等资料归集在一起，以方便各级财政、审计和主管部门检查。

建立、健全项目会计核算体系，准确进行项目成本核算。财政部《国有建设单位会计制度》及其补充规定对项目的会计一级核算科目的设置及核算内容做了较全面的论述。但是，由于水利建设项目的具体建设内容千差万别，在实际的项目成本核算中还应对照项目的概算内容，以会计科目能够真实、准确、完整地反映项目实际支出为原则，相应增设二级、三级甚至更多的科目级次，以达到项目完整核算的要求。对行政村实行村级财务代理中心核算后，其责任划分应从以下三个方面把握：一是财务收入的真实性、合规合法性以及财务支出的真实胜，应由村级单位负责；二是代理中心业务的正确与否应由代理中心负责；三是财务支出的合规性、合法性以及有关票据的真伪，应由村级单位和代理中心共同负责。

（2）完善项目管理体制。严格立项、筛选、论证制度。各级主管部门应按规定程序申报、建立滚动的部门项目库。对于一般项目变更，应报原审批部门批准，以保证水利专项资金计划的落实和水利项目整体规划的实现。做好项目建设的财务信息披露。一是通过及时、准确、规范、完整地编制报表，可以直观、全面、清晰地反映项目建设的进度、资金流向，为把握项目整体实施情况起到参考作用。二是通过项目财务会计报表，比较项目概算与概算执行的差距，可以及时发现预算执行中的问题，及时纠正。

（3）编制项目竣工财务决算报表及财务情况说明书，是项目竣工验收考核的重要内容。

（4）及时、规范、准确地编制并上报项目会计报表，也是项目主管部门汇总项目执行情况的要求。财政部门会同水利部门要制定水利"以奖代补"专项资金使用管理与监督检查制度。各资金使用单位在专项开展之前应制定项目预算，在项目开展过程中应严格按照预算执行。在资金支出过程中应加强项目管理人员与财务人员的沟通，使财务人员及时了解项目进度，及时对应项目资金支出。在项目完成后，业务经办人员应及时进行项目报销工作和专项资金的使用情况分析，形成专门项目决算，阐明形成预算和决算差异的原因，按时向主管部门汇报专项资金使用情况。建立健全村级财务规范化管理制度，强化审计稽查工作。主管部门应每年进行一次的全面财务检查，发现问题及时处理，以增强代理会计人员的自我监督意识和遵纪守法观念。各级财政、水利部门应将年度实施项目情况在当地主要媒体公示，并将资金的使用情况向受益区农民张榜公布，接受群众监督。主管部门根据项目的不同特点设立不同的评价指标，采用科学的方法对专项资金的使用情况进行评价和奖惩，并将考评结果作为以后年度专项资金审批的依据。

第7章 全国城市污水处理回用发展规划

7.1 全国城镇污水处理回用"十二五"规划情况

"全国城镇污水处理回用'十二五'规划"以全国661座设市城市和1636个县城及部分重点镇的污水处理及再生利用为基础，综合考虑用水、需求与污染物控制、新建与改造、污水处理厂建设与管网配套及污泥处理处置等，优先完善既有设施，大力加强配套设施，合理布局新建设施，对"十二五"期间全国城镇污水处理、污泥处理与处置、配套管网及再生利用设施的建设和运营管理进行统筹规划。

7.1.1 "十二五"前期全国城镇污水处理回用状况与问题

（1）城镇水环境状况：2012年，全国城镇污水排放总量为359.5亿 m^3，占全国污水排放量的68.5%。城镇污水产生量大、排放集中，影响人口多、范围广，城镇水污染已成为影响和制约我国经济社会健康、快速、持续发展的重要因素。集中排放的城镇污水尤其是生活污水的治理对于全国水环境质量改善具有十分重要的作用。

自"九五"以来，各地加大了污水处理设施建设力度，水环境污染趋势得到初步遏制，部分地区有所改善。但从总体看，"十二五"前我国城镇水环境污染形势依然十分严峻，一些城镇的集中式饮用水源地存在不同程度的污染超标，全国113个环保重点城市饮用水源地水质平均达标率只有72%。

（2）污水处理设施建设：1998年以来，国家加大了对城镇污水处理设施建设的投资力度，带动了地方政府和社会资金的投入，城镇污水处理设施建设不断加快，见表7-1。

7.1.2 规划目标

"十二五"期间，以完善污水配套管网、对"十一"前建设的部分污水处理厂进行工艺改造和提高、加强污泥处理处置和污水再生利用工程建设为重点，切实抓好了项目组织实施工作，力争到2015年年底全国城镇污水集中处理能力达到10 500万 m^3/d，比"十一五"末期提高污水集中处理能力4 500万 m^3/d。年处理污水量达到296亿 m^3（含其他污水处理设施），全国设市城市污水处理率达到70%（其中省会以上城市平均在80%以上，地级市平均达到60%，县级市平均达到50%），县城城市污水处理率达到30%；人口集中、污水产生量大、具备条件的镇要加快污水处理设施建设，提高污水处理率；城市污水处理厂负荷率达到70%；北方地区缺水城市再生水利用率达到污水处理量的 20%以上（其他水资源缺乏的城市根据实际需要确定再生水利用率）；省会以上城市污水处理厂污泥实行稳定化处理，城镇污水处理厂脱水污泥基本上得到妥善处置或利用。1991 年 2005 年全国城市污水处理厂历年增长情况见表 7-1。

表 7-1　1991~2005 年全国城市污水处理厂历年增长情况

年度	污水处理厂数量（座）	处理能力（万 m^3/d）	污水处理率（%）
1991	87	317	14.86
1992	100	366	17.29
1993	108	449	20.02
1994	139	540	17.10
1995	141	714	19.69
1996	309	1 153	23.62
1997	307	1 292	25.84
1998	398	1 583	29.56
1999	402	1 767	31.93
2000	427	2 158	34.25
2001	452	3 106	36.43
2002	537	3 578	39.97
2003	612	4 254	42.39
2004	708	4 912	45.67
2005	792	5 725	51.95

7.1.3　重点任务

（1）优先建设配套管网："十二五"期间管网建设主要任务是建设污水管道 162 724 km。其中，已有城镇污水处理厂完善配套管网 30 000 km，在建污水处理厂新增配套管网 78 874 km，新建、扩建污水处理厂新增配套管网 53 850 km。到 2015 年末，污水管道总长达到 247 734 km，着力提高污水收集率，使城市污水处理厂负荷率达到 70%。

（2）加快处理设施建设：升级改造（含重建）现有污水处理设施 2 000 万 m^3/d。形成 3 703 万 m^3/d 的处理能力，新开工污水处理设施 5 800 万 m^3/d。考虑到现有污水处理设施水平，并与未来城镇化发展相衔接，"十二五"规划开工建设污水处理设施 5 800 万 m^3/d。

（3）积极推广污水再生利用：在北京、天津、河北、山西、陕西、山东、辽宁、吉林、黑龙江、内蒙古、宁夏、甘肃、青海、新疆等北方及沿海地区的缺水城市，大力发展再生水利用，实现污水再生利用与污水处理能力的同步增长。建立健全污水再生利用产业政策，做好相关的技术准备。结合区域用水构成，加大再生水用户开发，制定适合特定用户水质要求的回用技术方案，强化技术把关，加强新工艺新技术的开发利用，提高污水再生利用水平。"十一五"期间，北方缺水城市建成再生水设施规模500万 m³/d，到2010年污水再生利用率超过了污水处理量的20%。鼓励其他地区（尤其是沿海地区）根据当地实际情况规划建设规模适当、用户稳定的再生水利用设施，南方沿海省市"十一五"建成规模达到180万 m³/d。五年间，全国新增680万 m³/d的污水再生利用能力。

7.1.4　投资估算及资金筹措

7.1.4.1　建设规模和投资

"十一五"期间，全国城镇污水处理及再生利用设施建设规划投资3 320亿元。其中，"十五"结转续建城镇污水处理厂建设投资150亿元；城镇污水处理厂升级改造投资120亿元；新增污水处理厂投资540亿元；完善已建和在建污水处理厂配套管网、新建污水处理能力配套管网建设投资2 085亿元；污泥处理处置设施投资323亿元；污水再生利用设施投资102亿元，见表7-2。

表7-2　"十一五"全国城镇污水处理及再生利用规划建设规模和投资

工程内容	分期	规模	投资（亿元）	备注
污水处理厂建设	"十五"结转续建	3 703万 m³/d	150	
	升级改造	2 000万 m³/d	120	
	"十一五"新开工	5 800万 m³/d	540	其中，"十一五"建成1 500万 m³/d
	小计		810	
配套管网	现有补建	30 000 km	400	
	在建新增	78 874 km	853	2005年底前已完成311亿元投资
	"十一五"新增	53 850 km	832	
	小计	162 724 km	2 085	
污泥处理	消化稳定	33 720 t/d 湿污泥	132	
	填埋焚烧	33 720 t/d 湿污泥	191	
	小计		323	
再生水利用	新增	680万 m³/d	102	
合计			3 320	

7.1.4.2 资金筹措

按照"污染者付费"的原则，城镇污水处理及再生利用设施的建设和运行，当地政府是责任主体，必须履行治理污水的责任。"十一五"城镇污水处理及再生利用设施建设项目由地方政府组织实施，国家根据不同地区的特点给予适当的补助，重点是西部和中部地区。具体补助标准在规划实施中确定。

政府资金主要投向污水管网。项目建设资金包括污水处理费、地方政府的机动财力、城市建设维护资金、城市土地出让收益、水资源费、相关基金留成部分、财政转移支付、国内外金融机构贷款、外国政府或国际金融组织优惠贷款和赠款。在政府建设污水管网过程中，上级政府对下级政府给予适当的财力支持。对污水处理设施投入运营、发挥效益的地方，中央给予一定比例的投资奖励；地方政府用奖励资金支持新的管网建设，形成污水处理管网建设的良性循环。

在充分发挥市场配置资源的前提下，各地要因地制宜，努力创造条件，完善相关政策措施，积极吸引和鼓励社会资本投资污水处理厂建设。

7.2 近期与中长期我国城市污水处理和再生水发展规划原则

（1）具有脱氮除磷功能的污水处理工艺仍是今后发展的重点。《城镇污水处理厂污染物排放标准》（GB 18918—2002）对出水氮、磷有明确的要求，因此已建城镇污水处理厂需要改建，增加设施去除污水中的氮、磷污染物，达到国家规定的排放标准，新建污水处理厂则须按照标准 GB 18918—2002 来进行建设。目前，对污水生物脱氮除磷的机制、影响因素及工艺等的研究已是一个热点，并已提出一些新工艺及改革工艺，如 MSBR、倒置 A2O、UCT 等，并且积极引进国外新工艺，如 OCO、OOC、AOR、AOE 等。对于脱氮除磷工艺，今后的发展要求不仅仅局限于较高的氮、磷去除率，而且也要求处理效果稳定、可靠、工艺控制调节灵活、投资运行费用节省。目前，生物除磷脱氮工艺正是向着这一简洁、高效、经济的方向发展。

（2）高效率、低投入、低运行成本、成熟可靠的污水处理工艺是今后污水处理厂的首选工艺。我国是一个发展中国家，经济发展水平相对落后，而面对我国日益严重的环境污染，国家正加大力度来进行污水的治理，而解决城市污水污染的根本措施是建设以生物处理为主体工艺的二级城市污水处理厂，但是，建设大批二级城市污水处理厂需要大量的投资和高额运行费，这对我国来说是一个沉重的负担。而目前我国的污水处理厂建设工作，则因为资金的缺乏很难开展，部分已建成的污水处理厂由于运行费用高昂或者缺乏专业的运行管理人员等原因而一直不能正常运行，因此对高效率、低投入、低运行成本、成熟可靠的污水处理工艺的研究是今后的一个重点研究方向。

（3）适用于小城镇污水处理厂工艺。发展小城镇是我国城市化过程的必由之路，是具有中国特色的城市化道路的战略性选择。目前，我国各种规模和性质的小城镇已近 5 万个。如果只注重大中城市的污水处理工程的建设，而忽视如此数量多的小城镇的污水治理，则我国的污水治理也不能达到预定目标。而对于小城镇的污水处理又面临着一系列的问题：小城镇污水的特点不同于大城市；小城镇资金短缺；运行管理人员缺乏等。因此，小城镇的污水处理工艺应该是基建投资低、运行成本低、运行管理相对容易、运行可靠性高的工艺。目前对适用于小城镇污水处理厂工艺的研究方向是：从现有工艺中比选出适合小城镇污水处理厂的工艺，同时开发出适用于小城镇污水处理厂的新工艺。

（4）产泥量少且污泥达到稳定的污水处理工艺。目前，污水处理厂所产生的污泥的处理也是我国污水处理事业中的一个重点和难点，2003 年中国城市污水厂的总污水处理量约为 95.956 2 亿 t/a，城市平均污水含固率为 0.02%，则湿污泥产量为 965.562万 t/a，并且污泥的成分很复杂，含有多种有害有毒成分，如此产量大而且含有大量有毒有害物质的污泥如果不进行有效处理而排放到环境中去，则会给环境带来很大的破坏。目前我国污泥处理处置的现状不容乐观：据统计，我国已建成运行的城市污水处理厂，污泥经过浓缩、消化稳定和干化脱水处理的污水厂仅占 25.68%，不具有污泥稳定处理的污水厂占 55.70%，不具有污泥干化脱水处理的污水厂约占 48.65%。这说明我国 70% 以上的污水厂中不具有完整的污泥处理工艺。

而对此问题进行解决的一个有效办法是：污水处理厂采用产泥量少且污泥达到稳定的污水处理工艺，这样就可以在源头上减少污泥的产生量，并且可以得到已经稳定的剩余污泥，从而减轻后续污泥处理的负担。目前，我国已有部分工艺可做到这一点，如生物接触氧化法工艺、BIOLAK 工艺、水解-好氧工艺等，但是对产泥量少、且污泥达到稳定的污水处理工艺的系统研究还没有开始。

（5）占地省。我国人口众多，人均土地资源极其紧缺。土地资源是我国许多城市发展和规划的一个重要因素。

（6）现代先进技术与环保工程的有机结合。现代先进技术，尤其是计算机技术和自控系统设备的出现和完善，为环保工程的发展提供了有力的支持。目前，国外发达国家的污水处理厂大都采用先进的计算机管理和自控系统，保证了污水处理厂的正常运行和稳定的合格出水，而我国在这方面还比较落后。计算机控制和管理也必将是我国城市污水处理厂发展的方向。

7.3　全国城市污水处理回用发展规划概述

根据各省（自治区、直辖市）污水处理和回用规划及指标的调查，进行归纳整理，制订了全国污水处理回用城市"十二五"规划和长期规划。根据统计结果，各分区规划指标见表 7-3、表 7-4。

表7-3 全国各分区污水处理回用"十二五"(2010~2015)规划

区号	规划指标									
	城市人口(万人)	国内生产总值(亿元/a)	污水排放总量(万m³/a)	排水管道长度(km)	污水处理厂(座)	污水处理能力(万m³/d)	再生水厂(座)	再生水可利用总量(万m³/a)	再生水生产能力(万m³/d)	再生水管道长度(km)
1	3 610	44 157	469 165	22 386	252	1 580	197	127 151	431	5 539
2	1 909	8 208	65 568	5 562	76	377	14	7 146	39	156
3	1 494	42 316	350 421	21 061	144	1 668	45	61 510	289	851
4	989	8 430	78 347	2 795	64	276	15	5 008	21	1 208
5	1 492	5 317	321 988	11 531	138	2 269	19	9 832	25	97
6	1 530	5 245	80 877	4 850	113	4 235	10	5 137	19	349
7	587	3 827	42 594	1 770	82	286	35	26 041	79	483
全国	11 611	117 500	1 408 960	69 955	869	10 691	335	241 825	903	8 683

表7-4 全国各分区污水处理回用远期(2015~2020年)规划(新增)

区号	规划指标									
	城市人口(万人)	国内生产总值(亿元/a)	污水排放总量(万m³/a)	排水管道长度(km)	污水处理厂(座)	污水处理能力(万m³/d)	再生水厂(座)	再生水可利用总量(万m³/a)	再生水生产能力(万m³/d)	再生水管道长度(km)
1	5 795	78 751	665 381	31 758	392	2 385	265	183 256	624	6 745
2	2 217	10 836	108 671	6 209	94	496	23	32 508	108	515
3	3 309	137 477	1 201 297	25 048	255	2 872	68	321 095	765	1 248
4	2 606	12 812	212 134	6 762	117	578	25	30 670	297	1 415
5	4 895	25 350	641 542	12 449	255	5 149	49	108 226	496	148
6	2 025	6 809	125 592	6 239	157	4 379	14	6 938	30	477
7	1 183	5457	200 074	2 020	126	517	80	115 209	373	639
全国	22 030	277 492	3 154 691	90 485	1 396	16 376	524	797 902	2 693	11 187

由以上统计结果可见,对全国"十二五"(2010~2015年)和远期(2015~2020年)城市污水处理及回用的规划显示,城市污水排放量分别增长140.9亿 m³/a 和315.5亿 m³/a,城市污水处理厂个数分别增长868座和1 396座,城市污水处理能力分别增加10 688万 m³/d 和16 376万 m³/d,排水管道分别增长7.0万 km 和9.05万 km。由规划可知,再生水厂呈稳定增长趋势,再生水生产能力在长期规划中有较大的增长。"十二五"末,再生水生产能力增长902.0万 m³/d;远期规划显示,到2020年,再生水生产能力增长2 693.0万 m³/d,而再生水管道长度分别增长8 683 km 和11 187 km。

第8章 典型城市污水处理回用技术集成示范

8.1 北京市

8.1.1 概况

8.1.1.1 社会经济概况

北京是我国的首都，是全国的政治、文化中心，是世界著名古都和国际大都市。北京市位于北纬 $39°56'$，东经 $116°20'$，地处华北大平原的北部，东面与天津市毗连，其余均与河北省相邻。北京市总面积 $16\ 807.8\ km^2$。

2012 年，北京市实现地区生产总值 17 801 亿元，比上年增长 7.7%。2014 年末，北京市常住人口约 2151 万人。

8.1.1.2 水资源开发利用概况

北京地处华北平原北端，属于半干旱的大陆性季风气候，天然水资源量有限，时空分布极不均匀。北京市人均水资源占有量不足 $300\ m^3/$人，是全国平均水平的 1/8，是世界平均水平的 1/30。近年来，随着城市规模的扩大，人口的增长，生活水平的不断提高，北京市水资源供需矛盾日益尖锐，北京已成为一个严重缺水城市，缺水已成为制约北京社会经济发展的主要因素。

截至 2012 年年末，全市大中型水库蓄水量 12.5 亿 m^3，其中密云水库蓄水量 9.77 亿 m^3，比去年同期减少 1.16 亿 m^3；官厅水库蓄水量 1.31 亿 m^3，比去年同期减少 0.05 亿 m^3。

随着近年来再生水设施建设的速度加速，为再生水利用创造了良好条件，再生水的使用量连年增加，有效地缓解了北京市水资源短缺现状。

8.1.1.3 供水设施基本情况

北京市供水系统由两部分组成。第一部分是地表水供水系统。水源为官厅、密云两库系统及其他大、中、小型水库的蓄水，河道提、引水，平原洼地坑塘及山区塘坝等其他小型蓄水工程。北京市现有四大引水工程，初步建成地表水联调体系，即永定河引水渠、京密引水渠、东水西调工程和引潮入城工程。地表水供水系统的输水渠道主要是永定河引水渠（永引）、京密引水渠（京引）两大系统；东水西调工程实现了两大引水渠系统的相互调水，保证京西工业用水；引潮入城工程为东郊工业供水。第二部分为地下水供水系统，包括分散的企业自备井、农用井、水厂自备井等。

截至 2012 年年末，全市已建水库 82 座，总库容 93.5 亿 m^3。其中大型水库 4 座，即官厅、密云、怀柔、海子水库，合计总库容 88.00 亿 m^3，密云水库和官厅水库是两个主要地表水源，总库容共为 85.35 亿 m^3，占全市水库总库容的 91%；中型水库工程 17 座，总库容 4.67 亿 m^3；小型水库工程 61 座。

2012 年，全市自来水供水厂达到 111 座（其中：乡镇集中供水厂 73 座），其中新增集中供水厂 21 座，日综合生产能力为 391.1 万 m^3，供水管网达到 13 133 km，自来水用水户 283 万户。

城区自来水厂 21 座，日综合生产能力 280 万 m^3，供水管线长度 7 997 km，自来水用水户 224 万户。

郊区自来水厂 90 座，日综合生产能力 111 万 m^3，供水管线长度 5 136 km，自来水用户 59 万户。

2012 年，全市自备井 50 374 眼，比去年增加 924 眼，供水管线 33 651.5 km，自备井供水量 16.84 亿 m^3。

8.1.2 城市污水处理设施

2012 年，北京城市污水排放量 11.58 亿 m^3（不包括农村），城市污水处理量 9.24 亿 m^3，污水处理率 79.8%，再生水利用量 4.95 亿 m^3，污水再生利用率 53.6%。污水排放量的逐年增加对城市及其周边地区环境造成很大威胁，更是对生态城市建设的最大挑战，因此污水处理厂的建设越来越受到重视。

2012 年，北京城区污水排放量 8.65 亿 m^3，污水处理量 8.0 亿 m^3，污水集中处理率 92.5%，再生水利用量 4.23 亿 m^3，再生水利用率 52.8%。截至 2012 年，在城区建成 9 座污水处理厂，污水处理能力 248 万 m^3/d。污水处理工艺包括 A2O 工艺、氧化沟工艺、序批式间歇活性污泥法 SBR 等；北京城区污水处理厂项目累计总投资 470 820 万元；2012 年运行费用 82 266.3 万元。

2012 年，郊区污水排放量 2.93 亿 m^3，截至 2012 年郊区县城建成污水处理厂 10 座，污水处理能力 57.9 万 m^3/d，污水处理量 12 392.81 万 m^3，污水处理工艺除了与城区相同的以外，还因地制宜地增加了活性污泥法、膜生物处理工艺 MBR、生物处理法（SBR）等；2012 年污水处理厂的运行费用为 11 936.1 万元。

随着污水处理厂的建设，配套建设了大量的污水管网，截至 2012 年年末，全市已建成排水管道 8 166 km，其中城区已建成污水管道 2 280 km，雨污合流管道约 846 km，雨水管道 1 885 km。

上述设施的建成，很大程度上改善了通惠河、南护城河、永引、京引、长河、亮马河、坝河及城市下游河道的水质。

8.1.3 城市再生水利用设施及利用情况

北京污水处理厂的建设进度加快，为再生水利用创造了更好的条件。1999 年，建成了高碑店污水处理厂资源化再利用工程，将二级出水作为华能高碑店热电厂和第一热电厂冷却循环用水，并输送到第六水厂（工业低质水厂），经进一步处理后达到《城市污水再生利用城市杂用水水质》标准后，作为南城地区公园绿地的绿化用水、道路浇洒用水及河湖环境用水。

随着北京市水资源短缺的进一步加剧，2002 年后北京市的再生水利用受到了前所未有的重视，相继建成了部分再生水厂和部分配套再生水管道系统，包括酒仙桥再生水厂（6 万 m³/d）、方庄再生水厂（1.0 万 m³/d）、清河再生水厂（8 万 m³/d）、吴家村再生水厂（4 万 m³/d）、北小河再生水厂（6 万 m³/d）。此外，卢沟桥再生水厂（10 万 m³/d）、小红门再生水厂（7 万 m³/d）正在筹建中。

再生水厂的建设推动了再生水管线的建设进程，2005 年，在供南城再生水管道的基础上又实施了向高井电厂、石景山热电厂供循环冷却水的方案，通过 3 座泵站将第六水厂的再生水沿永定河引水渠向西输送至高井电厂、石景山热电厂，日供水能力 8 万 m³，供水量每日 5 万~6 万 m³。2012 年底，全市已有再生水管线约 401 km，其中城区为 332 km。

北京市再生水主要用于以下几个方面：工业用水、农林牧业、城市非饮用水及景观环境用水，总计 4.95 亿 m³。在再生水用途中，工业冷却水和城市河湖环境用水占较大比例，约占 50.7%；农业灌溉占 45.6%，城市绿化、建筑冲厕、道路浇洒等用途所占比例较小，约占 3.7%。

北京市再生水厂及管道投资主要集中在城区，再生水厂总投资 2.35 亿元，再生水管道总投资 16.39 亿元。北京市城区的再生水费约 1.00 元/m³，2007 年再生水销售收入 5 071.51 万元，其他区县再生水的使用还处于起步阶段。

8.1.4　城市再生水厂与再生水管道投资情况

建设资金困难、投资回收较慢是北京城市再生水系统建设的一大困难。目前，建筑内部、小区及企业内部的小型污水处理及再生回用设施由业主自筹资金建设；城市再生水系统由北京城市排水集团中水公司投资建设；由于建设资金没有保障，再生水回用系统建设缓慢，无法保证再生水回用设施及管网系统的迅速发展。

城区的再生水投资渠道包括中央财政投资、地方财政投资和企业融资，到 2007 年城区再生水厂累计总投资金额为 23 495.21 万元，再生水管道总投资金额为 163 890 万元。其中再生水厂投资来源主要为地方财政，再生水管线干管投资来源主要为政府投资和企业融资。其他城区的再生水投资渠道和城区相近，除了少部分由北京市排水集团收购投资外，其他再生水厂主要由民营企业投资。

8.1.5　北京城市居民小区、公共建筑再生水利用设施情况

目前，北京市城市规划设计研究院已完成中心城小区中水回用规划 160 余项。规划建筑面积 8 473 万 m²，规划再生水需求量 16.83 万 m³/d（含冲厕用水量 12.75 万 m³/d、小区绿化用水量 4.08 万 m³/d）。

第六水厂和已建成的清河、酒仙桥、吴家村、方庄再生水厂不断发展周边小区用户，已通再生水的小区有 34 个，日再生水用量约 5 200 m³/d。

再生水利用首先在单栋建筑内实施，即利用建筑本身产生的污水或污染较小的洗

涤水，经处理后用于冲厕所和庭院绿化等市政杂用水。据统计，目前北京市居民小区和公共建筑再生水利用总量为 2 054.36 万 m^3/a，其中居民小区再生水利用量为 554.01 万 m^3/a，公共建筑再生水利用量为 1 500.34 万 m^3/a。

北京市城区居民小区、公共建筑的再生水监管单位是市节水管理中心和城区节水办，昌平区是由昌平污水治理办公室监管，其他城区是由区县节水办监管。

居民小区和公共建筑的再生水回用情况简介如下：

金港国际（中加花园小区）位于朝阳区西大望路，小区建筑面积 16 万 m^2，小区居民 1 000 户。中水设计能力 500 m^3/d，目前中水利用量 150 m^3/d。二期完全入住后，中水设施实际处理能力基本能够达到 400 m^3/d。该小区中水设施的原水除了洗浴、洗衣、盥洗等优质杂排水外，还有小区水景收集的雨水。原水经过生物接触氧化、活性炭过滤、消毒等主要工序处理后回用于居民冲厕、小区绿化。自 2003 年业主陆续入住、中水设施开始运行以来，中水设施维护状况良好，设备运转正常，水质达到国家相关标准，居民反映良好。

北方温泉会议中心位于北京市房山区，最大日污水排放量为 150 m^3，结合培训中心绿化面积较大、开挖人工湖的特点，确定经处理的生活污水主要用于内部绿化灌溉和景观用水。设计采用处理能力为 7.5 m^3/h 的中水设施，污水处理设施采用地埋式，其上堆积弃土形成假山，既利用了人工湖开挖时产生的弃土，又形成了一个新的景观。处理后的中水水质达到景观环境用水标准，作为园区的绿化用水和景观用水使用。

经处理后的中水大部分用于园区 6 万 m^2 草地的喷灌和为园区 2 000 m^2 鱼类养殖场供水，另一部分通过管道输送到 6 400 m^2 的荷花池进行生物降解。当水量充足时，多余的水通过溢流管道至园区内 5 000 m^2 的人工湖，这样不但提高了出水水质而且美化了园区环境，每年可为会议中心节约 7.17 万 m^3 的水，节省经费二十多万元，取得了很好的社会、经济效益。

8.2 内蒙古自治区

8.2.1 概况

内蒙古自治区地域广阔，总土地面积 118.3 万 km^2，占全国总面积的 12.3%。地形以高原为主，其间分布有山地、丘陵、平原、沙漠等，所处纬度较高，高原面积大，距离海洋较远，边沿有山脉阻隔，气候以温带大陆性季风气候为主，具有降水量少而不匀、风大、寒暑变化剧烈的特点。

据不完全统计，2012 年全区城市（包括旗县城）总用水量 103 997.70 万 m^3，其中工业用水量 71 574.69 万 m^3，占用水总量的 68.82%，城市生活用水量 32 423.01 万 m^3，占用水总量的 31.18%；据不完全统计，全区城市（包括旗、县城）GDP 用水量 23.48 m^3/万元，人均用水总量 130.07 m^3/(人·a)，人均城市生活用水量 107 L/(人·d)。据不完全统计，2012 年建制市总用水量 61 400.5 万 m^3，其中工业用水量 37 797.14 万 m^3，占用水总量的 61.56%，城市生活用水量 23 603.36 万 m^3，占用水总量的 38.44%，据不完全统计，建制市 GDP 用水量 18.31 m³/万元，人均用水总量 104.18 m³/（人·a）。据不完全统计，旗县城总用水量 42 597.20 万 m³，其中工业用水量 33 777.55 万 m³，占用水总量的 79.30%，城镇生活用水量 8 819.65 m³，占用水总量的 20.70%，据不完全统计，旗县城万元 GDP 用水量 46.29 m³/万元，人均用水总量 229.94 m³/（人·a），人均城市生活用水量 99 L/（人·d）。

据不完全统计，2012 年全区城市（包括旗、县城）有自来水厂共计 89 个，总供水能力 128.86 万 m³/d，共有自备水源 1 266 个，总供水能力 44.47 万 m³/d，自来水厂及自备水源总供水能力 173.33 万 m³/d。旗、县城有自来水厂共计 50 个，总供水能力 29.15 万 m³/d，共有自备水源 285 个，总供水能力 14.47 万 m³/d，自来水厂及自备水源总供水能力 43.62 万 m³/d。

8.2.2　城市污水处理设施

8.2.2.1　污水厂个数、规模、处理能力及资金来源

1. 污水厂个数、规模、处理能力

从总体来看，自治区污水处理回用现状不容乐观，除地级市和计划单列市建有污水处理厂外，各旗、县污水处理设施和能力均很欠缺，其中呼和浩特市、通辽市、鄂尔多斯市、呼伦贝尔市、乌兰察布市 5 个地市的 12 个污水处理厂正处于施工在建阶段，还没有正式投入运行；呼和浩特市、通辽市、鄂尔多斯市、呼伦贝尔市、乌兰察布市、巴彦淖尔市等 6 个地市的 12 个污水厂处于申报审批阶段，还有 34 个旗、县由于经济相对落后，加之资金紧张根本没有污水处理厂，污水厂建设还尚处于拟建阶段。

本区污水处理厂分布还有个明显的特点：西部工业发达区相对来说情况稍好，东部工业欠发达地区还相当落后。全区污水处理厂多集中在工业相对发达地区（呼和浩特市、包头市、鄂尔多斯市、乌海市、通辽市），大多与当地大型企业相关，集中处理工业污水，对生活污水大多采用自然排放，处理能力相对较弱。而本区中、东部的锡林郭勒盟、呼伦贝尔市、兴安盟、赤峰市，西部的巴彦淖尔市、乌兰察布市、阿拉善盟尚属于工业起步阶段，污水处理设施建设比较滞后，只有地方行政所在地及计划单列市建有污水处理厂，旗、县污水处理厂都在筹建阶段，内蒙古自治区建设厅规划要求各旗县在 2010 年至少建一座污水处理厂。

目前全区（除赤峰市）有污水处理厂并投入运行的旗、县、区 29 个，共有污水处理厂 47 座，日处理规模达到 135.3 万 t；在建污水处理厂的旗、县、区 10 个；申报审批阶段的旗、县、区有 12 个，拟建阶段的旗、县、区还有 34 个。

2. 资金来源

内蒙古自治区污水处理厂建设较早的资金来源主要以国债资金（呼和浩特市、乌海市污水处理厂等）、日本协力基金贷款（包头市 4 个污水处理厂）的方式建厂，大多数污水处理厂以国债资金为主，政府补贴和银行贷款相结合的方式投资建设（海拉尔区、锡林浩特市污水处理厂），也有个别经济园区、大型工矿企业自建的污水厂（如和林县盛乐经济园区自建的两个污水处理厂、内蒙古海吉氯碱化工有限责任公司等）资金来源全部靠企业自筹和地方贷款解决。

8.2.2.2 主要工艺、处理级别及处理成本

1. 主要工艺、处理级别

由于现在污水处理方法及工艺众多，内蒙古自治区各旗、县、区结合地方的具体情况引进的工艺各不相同，主要有普通曝气工艺、CASS工艺、CAST（循环式活性污泥法）工艺、百乐克活性污泥工艺，其他有悬链式曝气活性污泥工艺、传统活性污泥处理法处理工艺、卡鲁赛尔改良型氧化沟工艺、A/O（循环式活性污泥法）工艺、A2O处理工艺、SBR-CASS《序批式活性污泥法、微生物处理》污水生物处理工艺、MSBR工艺、厌氧加好氧工艺、国际DE氧化沟活性污泥法工艺等，由于各种工艺方法各有优缺点，根据各地污水处理后的不同用途及不同监管部门执行的标准略有不同，经处理后的污水达标标准也不同，有个别污水厂排放达到"一级A标准"（如通辽市污水处理厂），部分污水处理厂排放达到"一级B标准"（如通辽市开发区污水处理厂、开鲁镇污水处理厂），大多数污水处理厂只达到"二级"排放标准。

2. 污水处理成本

该区大多数污水处理厂并没有严格的运行成本测算，这样就很难实现对污水处理成本的控制，对于污水处理厂走向市场也形成了一定的制约。部分有成本核算的污水处理厂由于建设年代、处理工艺的不同，处理成本及运行费用差异较大，现有资料统计的污水处理成本最低0.5元/t（内蒙古华电乌达热电有限公司工业废水处理成本为0.5元/t，生活污水处理成本为0.6元/t，中水处理成本为1.0元/t），最高4.09元/t（通辽市开鲁县），污水处理成本主要集中在0.8~1元/t（如呼和浩特市辛辛板污水处理厂处理成本在0.8元/t左右）。

8.2.3 城市污水处理回用（再生水）设施建设

随着经济发展和城市化进程的加快，水资源紧缺日益严重，水环境污染不容乐观，为了解决水资源短缺问题，促进国民经济的可持续发展，城市污水再生利用日益重要，污水回用建设已经引起了自治区政府和有关部门的重视。虽然内蒙古自治区在污水处理、回用等领域的技术水平和全国水平相比还存在较大差距，中水回用设施建设还处于起步阶段，目前仍是一个薄弱环节，应在政府积极引导和示范的投入建设下，积极开展实施再生水利用技术改造工作，以科学的规划为龙头，进一步促进水资源的高效利用与合理开发。

1. 呼和浩特市

2007年时，呼和浩特市城区只有1座再生水厂，即呼和浩特市金桥热电厂中水深度处理厂，位于呼和浩特市城区东南部金桥经济技术开发区，日处理能力为5万t，采用标准为SL 368—2006，处理成本1.3元/t。该厂中水来源于辛辛板污水处理厂，年产生的再生水400万 m³，用于金桥热电厂冷却水，金桥热电厂再生水厂建成再生水管道14 km。目前该厂由金桥电厂自行管理维护。

2008厂，呼和浩特市又建成两座再生水厂。其中公主府三级污水处理能力3万 m³/d，运行成本为1.5元/d，再生水主要用于市政、国林绿化及景观用水，章盖营污水处理厂处理能力3万 m³/d，运行成本为1.5元/t，再生水主要用于电厂冷却水

等用途。

公主府、章盖营污水处理再生水厂计划建设再生水管道 20 km。管理单位为污水处理厂，运行维护费用来源于生产经营所得。目前中水回用管道还在建设中。

2. 包头市

包头市 2007 年运行的再生水厂有 2 座，分别为北郊中水厂和东河中水厂，中水水费为 1 元/m³，全市共建设再生水管道长 44 km。

包头市北郊中水厂，位于包头市青山区东部，隶属于包头市排水产业有限责任公司，再生水处理能力为 4.5 万 m³/d，处理工艺为 V 形滤池，执行标准《城市污水再生利用　城市杂用水水质》（GB/T 18920—2002），水质达到国家城市污水再生利用分类标准，用于景观环境、城市杂用等的非饮用水，达到国家三级排放标准；生产的中水在 3 月中旬至 11 月中旬用于城市绿地灌溉，昆区友谊大街和民族西路部分路段，稀土高新区黄河路、富强路、万青路部分路段，青山区劳动公园、迎宾园、植物园及建设路两侧，九原区二道沙河桥附近路段，共 160 多万 m² 的绿地灌溉都用上了北郊中水厂生产的中水。其余时间用于三电厂冷却用水和供热公司冲灰用水，据统计，中水绿化用水量约 180 万 m³，供热用中水 20 万 m³。

东河中水厂，位于包头市东河区东郊，隶属于包头市排水产业有限责任公司，再生水处理能力为 4 万 m³/d，处理工艺为曝气生物滤池，执行标准《城市污水再生利用　城市杂用水水质》（GB/T 18920—2002），水质达到国家城市污水再生利用分类标准，用于景观环境、城市杂用等的非饮用水，达到国家三级排放标准；生产的中水主要用于东华电厂循环冷却水，年用水量约 280 万 m³。

3. 乌海市

2012 年乌海市投入运行的再生水厂共两座，分别为内蒙古华电乌达热电有限公司中水处理厂和北方联合电力海勃湾发电厂中水处理厂，生产能力为 3 万 m³/d。

内蒙古华电乌达热电有限公司中水处理厂，位于乌海市乌达工业园区，主要以乌达区污水处理厂的中水为水源，设计处理能力为 1 万 m³/d，实际处理量为 0.2 万 m³/d。采用的主要工艺是工业污水处理用物理化学工艺、生活污水处理用厌氧滤器工艺、中水处理用活性污泥法工艺，处理级别执行排放标准为《污水综合排放标准》（GB 8978—2002），达到国家一级回用。处理成本：工业处理成本为 0.5 元/t，生活污水处理成本为 0.6 元/t，中水处理成本 1.0 元/t，管道长度为 8 km，由内蒙古华电乌达热电有限公司运行管理，企业排放废污水经过处理全部用于生产用水及绿化用水，达到零排放。

北方联合电力海勃湾发电厂中水处理厂，位于内蒙古自治区乌海市海南区，主要以海南区污水处理厂处理后的中水为水源，将处理后的中水用于生产用水，但由于海南区污水处理厂处于在建过程中，现在还没有投入运行。该再生水厂处理能力 700 t/h，处理成本 1.0 元/t，处理级别执行排放标准为《污水综合排放标准》（GB 8978—2002），达到国家一级回用，采用工艺主要是石灰石深度污水处理技术，管道长度为 7.3 km，由企业运行管理企业排放废污水经过处理全部用于生产用水及绿化用水，达到零排放。

4. 通辽市

通辽市新建再生水厂 1 座，位于通辽市老城区东郊通郑公路 3 km 处路南，处理能力 3 万 m³/d，目前还没有投入运行。监管单位为通辽市水务局，采用的相关标准《污水再生利用工程设计规范》（GB/T 50335—2002），再生水使用用途为热电厂循环冷却用水，年可供再生水总量 730 万 t，每日 2 万 t，再生水价格拟定为 1.5 元/t。

5. 鄂尔多斯市

鄂尔多斯市共有再生水厂 1 座，位于达拉特旗树林召镇，即达拉特旗电厂再生水厂，管道长度为 2.9 km，执行标准《再生水水质标准》SL 368—2006，达到国家一级回用，日处理能力为 3.2 万 t，中水价格 1.0 元/t，由达拉特旗电厂运行管理，企业排放废污水经过处理全部用于生产用水及绿化用水，达到零排放。再生水利用量 1 070 万 m³/a。

8.2.4　城市再生水厂与再生水管道投资情况

1. 呼和浩特市

呼和浩特市城区运行的再生水厂有 1 座，即金桥电厂再生水厂。处理能力为 5 万 m³/d，采用标准为 Q/JD 104.01.05—2006，处理成本 1.3 元/m³。该厂中水来源于辛辛板污水处理厂，产生的再生水用于电厂冷却水。

金桥电厂再生水厂资金来源金桥电厂自有资金，包括管道在内共投资约 1.3 亿元，其中建成再生水管道 14 km，投资 5 000 万元。目前该厂由金桥电厂自行管理和出资运行维护。

2. 包头市

包头市建有再生水厂 2 座，分别为北郊再生水厂、东河东再生水厂，处理能力为 8.5 万 m³/d。水厂总投资 9 560 万元，其中中央投资 2 000 万元，地方财政 7 560 万元。建有再生水管道 44 km，投资 4 586 万元，其中中央投资 1 400 万元，地方财政 3 186 万元。

3. 乌海市

内蒙古华电乌达热电有限公司建有再生水厂 1 座，主要以乌达区污水处理厂的中水为水源，设计处理能力为 1 万 m³/d，实际处理量为 2 000 t/d，采用的主要工艺是活性污泥法，处理级别达到一级达标回用，处理成本 1.0 元/m³。该再生水厂总投资为 5 000 万元，管道投资 1 400 万元，管道长度为 8 km，全部为企业自筹资金，企业运行管理。企业排放废污水经过处理全部用于生产用水及绿化用水，达到零排放。

北方联合电力海勃湾发电厂在 2007 年建成再生水厂 1 座，主要以海南区污水处理厂处理后的中水为水源，将处理后的中水用于生产用水。该再生水厂处理能力 1.5 万 m³/d，处理成本 1.0 元/m³，采用工艺主要是石灰石深度污水处理技术，处理级别达到一级排放标准。该厂总投资为 4 000 万元，管道投资 1 200 万元，管道长度为 7.3 km。全部为企业自筹资金，企业运行管理，企业排放废污水经过处理全部用于生产用水及绿化用水，达到零排放。

4. 通辽市

新建再生水厂 1 座，位于通辽市老城区东郊通郑公路 3 km 处路南，处理能力 3

万 m³/d，每年可供再生水总量 730 万 t，再生水使用用途为热电厂循环冷却用水。

再生水厂投资 4 921 万元，资金来源为企业自筹。再生水管道长度 2.96 km，投资 707.8 万元，资金来源为市政府投资。管理单位为通辽市排水管理处，运行维护费来源于政府补贴。

5. 鄂尔多斯市

鄂尔多斯市达拉特旗树林召镇电厂建有再生水厂 1 座，生产能力 3.2 万 m³/d，投资 258 万元。建成再生水管道 2.9 km，投资 75 万元。再生水厂资金来源电厂自有资金，由电厂自行管理和出资运行维护。再生水用于电厂冷却水及景观用水，达到零排放。

8.2.5　再生水的管理、监督

8.2.5.1　再生水的管理

（旗）县人民政府应协调组织水务、环境保护部门、城市管理综合执法组织做好再生水设施的管理工作，应当督促、支持水行政主管部门依法履行职责，对再生水利用中存在的重大问题及时予以协调、解决。居民小区、公共建筑再生水设施大部分由小区物业自己管理。

（1）经设施处理后的水质应达到国家或地方规定的排放标准或指标。

（2）设施处理水量不得低于相应生产系统应处理的水量。

（3）污水处理所产生的污泥，应妥善处理或处置。

（4）设施的管理应纳入本单位管理体系，配备专门的操作人员及管理人员并建立健全岗位责任、操作规程、运行费用核算、监视监测等各项规章制度。

（5）对已建的再生水设施单位必须到有关部门登记备案，纳入管理。

（6）加强对再生水设施的验收和运行管理人员的培训以及中水水质的抽检，促进再生水设施的健康运行。

8.2.5.2　再生水的监督

建设行政主管部门负责对再生利用设施的建设工程质量、标准进行监督管理，并对其所辖范围内的再生水利用设施进行监管。县环保行政主管部门负责对再生水处理厂出厂水质进行在线监测，并与水行政主管部门实现监测数据共享。

（1）要求新建居住区和集中公共建筑区在编制各项市政专业规划时，必须同时编制污水再生回用规划，污水再生回用工程应与其他工程同步设计、同步施工、同步验收。

（2）由于一些单位新建再生水设施并不申报验收，对正在运行的再生水设施情况掌握不全面，因此，对再生水回用这项工作必须加强监管。

（3）全民动员，实现再生水回用，必须通过政府进行相应的干预和监督，把再生水回用纳入市场机制的轨道。

8.2.6　污水处理及回用相关规划与规划指标

《内蒙古自治区"十二五"节水型社会建设规划》制订了内蒙古自治区污水处理

回用的规划目标。部分盟市与旗县均制订了各自相关规划。如呼和浩特市只有市区和林格尔县制订了相关规划，而兴安盟、锡林郭勒盟、乌兰察布市、巴彦淖尔市、阿拉善盟就没有制订相关规划。

1. 呼和浩特市

2005 年呼和浩特市水务局编制完成了《呼和浩特市水务发展"十一五"规划及2020 年展望》，对全市污水再生利用制订了规划。

规划目标：实现中水回用率达到 30% 以上，到 2010 年全市中水回用量达到 20.77 万 m^3/d，2020 年达到 29.9 万 m^3/d。缓解全市水资源短缺的局面，实现水资源的可持续利用。

规划内容：主要包括中水回用水源、回用水处理系统、回用的试验研究与实施、回用量及详细的工程规划。

具体工程规划：

（1）规划 2006~2010 年市区建设辛辛板污水回用工程、章盖营污水回用工程、公主府污水回用工程、中水回用一期工程，共 4 个项目总投资 10 355.4 万元。

（2）规划 2010~2020 年建设金桥污水回用工程等 5 个项目投资 34 916.8 万元。

（3）规划 2006~2010 年建设排水管网 349.98 km，再生水管网 55 km。

（4）规划 2010~2020 年建设排水管道 281.4 km，再生水管网 147.8 km。

根据《和林格尔县城城市总体规划》（2005~2020 年）所确定的总体目标，2009 年城关镇已建成污水处理厂一期工程，日处理污水 1 万 m^3，排水管道 35 km，总投资 5 084 万元。到 2020 年建成污水厂二期工程，日处理污水 2.2 万 m^3，排水管道 50 km，盛乐经济园区根据经济社会发展情况制订相应的规划，到规划期末，县城范围内污水全部得到有效处理，并建成相应的污水回用设施。

2. 包头市

包头市确定规划期的目标为：污水处理率达到 90%；再生水利用率达到 70%；污水排放达到《污水综合排放标准》（GB 8978—1996）的二级标准。

3. 乌海市

《乌海市污水处理一期工程可行性研究报告》规划建 3 个污水处理厂，规划日处理能力为 16.54 万 m^3/d，其中：海勃湾区污水处理厂总规模 7.5 万 m^3/d，现已建成，运行规模为 4 万 m^3/d，远期达到 7.5 万 m^3/d，预计总投资 20 000 万元；乌达区污水处理厂 1 座，总规模 5.2 万 m^3/d，现已建成，运行规模为 1 万 m^3/d，远期达到 5.2 万 m^3/d，预计总投资 19 000 万元；海南区污水处理厂 1 座，总规模 3.5 万 m^3/d，海南区 2008 年开工建设污水处理厂一期工程，处理规模 0.5 万 m^3/d，二期达到 3.5 万 m^3/d，预计总投资 14 000 万元。

按照《乌海市环境保护"十二五"发展规划思路》要求，除了规划建设城市污水处理厂以外，还要加快建设工业园区污水处理厂，完善城市污水处理集中处理系统。

4. 通辽市

专项规划名称《通辽市城镇污水处理及再生利用建设规划》，规划目标到 2015 年新建污水管道 148 km 污水处理能力达到日处理污水 9.9 万 t/d，日处理再生水 6.75

万 t，规划污水处理回用设施数量 2 个，规划投资 35 265 万元。

开鲁县 2008 年申报了《内蒙古通辽市开鲁县开鲁镇污水再生利用及管网工程项目可研》，规划目标及主要内容是按 2020 年规划建设再生水厂一座，铺设再生水管网 44.2 km，再生水厂执行标准为《污水再生利用工程设计规范》（GB/T 50335—2002），处理能力为 3.0 万 m^3/d。规划项目总投资 6 125.8 万元，其中管网工程投资 3 214.5 万元，再生水厂建设 2 911.3 万元。

扎鲁特旗 2008 年申报了《内蒙古通辽市扎鲁特旗鲁北镇污水再生利用及管网工程项目可研》，规划目标及主要内容是按 2020 年规划建设再生水厂一座，铺设再生水管网 44.2 km，再生水厂执行规范为《污水再生利用工程设计规范》（GB/T 50335—2002），处理能力为 3.0 万 m^3/d。规划项目总投资 6 125.8 万元，其中管网工程投资 3 214.5 万元，再生水厂建设 2 911.3 万元。

库伦旗 2008 年申报了《库伦旗新城区污水配套管网可行性研究》报告，规划新城区污水管网长度 24 km，项目总投资 2 800 万元。

8.2.7　污水处理回用地方性法规

近几年内蒙古自治区污水处理回用工作刚刚起步，还没有建立健全地方性法规。

2003 年 2 月 28 日呼和浩特市第十一届人民代表大会常务委员会第三十四次会议通过，2003 年 4 月 3 日内蒙古自治区第十届人民代表大会常务委员会第二次会议批准的《呼和浩特市节约用水管理条例》中第二十二条规定：

下列新建、改建、扩建的建设项目，应当建设中水设施，使用中水不收水资源费：

（1）建筑面积 2 万 m^2 以上的宾馆、饭店、商场、公寓及综合性服务楼。

（2）建筑面积 3 万 m^2 以上的机关、科研、大专院校、写字楼和文化、体育设施。

（3）建筑面积 5 万 m^2 以上的住宅区和集中建筑区。

（4）日回收水量大于 750 m^3 的其他建筑设施。

已经投入使用的建筑物按照前款规定逐步配套建设中水设施。

8.2.8　城市污水处理回用财政政策与定价机制

呼和浩特市 2001 年 4 月成立呼和浩特春华水务开发有限责任公司，开辟和拓宽了各种融资渠道，为该市推动污水处理回用设施建设提供了强有力的制度保障和资金支持。公主府、章盖营污水处理再生水厂就是该公司利用日元贷款进行的水环境治理项目之一。2002 年呼和浩特市政府令第 21 号《呼和浩特市节约用水管理办法》第三十二条，鼓励单位和个人投资建设中水设施和从事中水经营活动。对从事水资源再生和综合利用的企业，应当按照国家有关规定免征增值税。目前再生水定价机制以市场主导为主，价格标准向保本微利过渡。金桥电厂再生水为企业自用，价格为 0.3 元/m^3。

通辽市污水处理回用的投融资机制以 BOT 方式融资建设，特许经营价格标准为 1.5 元/m^3，目前企业用水价格尚未确定。

包头市再生水工业回用价格为 1.0 元/m^3，城市非饮用价格为 0.8 元/m^3。

阿盟经济开发区再生水工业回用价格为 1.6 元/m^3，城市非饮用价格为 0.8 元/m^3。

通过以上调查，再生水处理成本平均在 1.0 元/m³ 左右，再生水工业回用价格为 1.0~1.6 元/m³。

目前虽然各地区已全面征收污水处理费，但费用普遍偏低（仅为 0.2~0.6 元/m³）。对一个二级处理厂而言，实现污水处理厂"保本微利"的经营目标，污水处理费至少应 0.6~0.8 元/m³，加上管网至少应 0.8~1.2 元/m³。

由于目前全区城市污水处理行业仍处于发展的初级阶段，各项政策、法律仍不完善，城市污水处理产业化机制的方向性政策不够明确，需制定完善的污水处理回用地方性法规或规范性文件，确保优先使用再生水。

建议政府加大污水处理及城市污水管网建设投资，采取多渠道、多层次、多元化的资金筹措体制。除中央及地方财政和收取的污水处理费外，鼓励吸纳国际金融机构、外国政府、国际民间、国内民间等外部资金，可采取如 BOT 等方式投资建设城市污水处理厂。同时，在污水处理回用方面给予优惠的财政政策或给予一定的财政补贴，建立起供排水企业良性发展的机制，按照现代企业制度的要求，最终实现企业经营机制的根本转换，使企业能够自主经营、自负盈亏、自我积累、自我发展，逐步建立适应社会主义市场经济的投资、建设、运营机制。

8.3 丹东市

8.3.1 概况

丹东市位于辽宁省东南部，北连本溪，西界鞍山，西南与大连毗邻，南临黄海，东南与朝鲜民主主义共和国隔江相望。城市依山傍水，北部为山区，南部为平原，自北向南依次排列着山区、丘陵区和波状平原区。在鸭绿江口沿海一带，地势更低，形成了大片沼泽，著名的鸭绿江湿地国家级自然保护区就在这里。丹东处于东北亚中心地带，是环黄海经济圈和环渤海经济圈的交汇点，具有沿鸭绿江、沿黄海、沿中朝边境的"三沿"优势，目前正在加紧建设成为我国东北东部的现代化港口城市。

丹东市水资源丰富，水资源总量为 85.94 亿 m³，占全省水资源总量的 25.1%；人均拥有水资源量为 3 537m³，是全国人均水资源量 1.6 倍，是全省人均水资源量的 4.3 倍。全地区用水总量 2 753 万 m³，其中工业用水总量为 1 284 万 m³，城镇生活用水量 1 469万 m³。2007 年全市综合用水指标为人均用水量 400 m³，万元国内生产总值用水量 232 m³。全市共有自来水厂 2 座，供水能力达到 11 067 万 m³。拥有自备水源 154 处，供水能力达到 2 302 万 m³。

8.3.2 污水排放及污水处理厂投资和建设情况

丹东市年排放污水 5 558 万 m³，目前全地区尚没有建设污水处理厂，所有污水均自然排放，对鸭绿江水域、北黄海水域造成严重污染。再生水厂的建设和运行管理情况在该市也属于一片空白。

为了改善环境，"十一五"期间，丹东市把污水处理厂纳入了重要的议事日程，

2009 年春开始建设污水处理厂。该污水处理厂建设规模为污水二级 30 万 m^3/d，分二期建设完成。工程主要建设内容是：建设一级污水处理 30 万 m^3/d 和二级 15 万 m^3/d 的污水处理厂，污水截流干管 13.7 km 和次干管 7.3 km，新建污水提升泵站 4 座。截至 2007 年底已完成部分管网工程。该项目按产业化模式运作，项目法人为丹东北环城市污水处理工程有限公司。

8.3.3　污水处理回用存在问题

（1）该市地方财力紧张，建设项目配套资金投入不足。

（2）减免范围大、征收力度小、欠费和漏收严重。由于现行的收费政策，对机关和事业单位实行缓征，导致征收污水处理费难度加大，没有一个有力的职能部门来约束和管理。

（3）城市污水处理没有相关的法律、法规来监督和管理缺少操作性。在规划和建设污水处理厂及对污水处理厂的管理和污水处理费的收取这些方面，该市缺少可执行性的法律、法规。在规划和建设上没有硬性的执行标准，缺少相关的规划和设计依据。在对污水处理费的征收及排污单位的管理上没有一个相关的职能部门出来约束和管理，导致现在治理能力弱、百姓不重视局面。

（4）城市污水处理产业化进展缓慢，污水处理产业难以形成。

（5）中水回用等问题难落实。由于该市水资源丰富在建设中水回用方面经验比较欠缺，需要大量资金来支持。由于地方财力有限，这方面建设面临很大的困难。

8.3.4　城市污水处理回用工作建议

（1）加强领导，进一步强化工程项目管理。继续实行领导目标责任制，把城市污水处理厂建设运营工作纳入对本地区社会经济发展考核目标当中，建设和运营监督检查，定期通报有关建设情况。

（2）加强法制建设。加紧制定符合地方污水处理以及回用水方面的法律、法规及地方性法规的建设，做到对污水处理厂建设、管理，以及对污水处理费的征收、纠正违法排污行为有一套完整的可操作性的法律法规体系。

（3）加大对地方财政支持力度。由于地缘经济因素的影响，有些地区经济发展不是很快，在污水厂及回用设施的建设上面临资金困难，导致基础设施建设落后，势必会影响再生水资源的开发利用。希望上级有关部门综合考虑地方的实际经济情况，在资金和财政政策上给予该市更大的帮助。

（4）加强指导，推进污水处理产业化发展进程。城市污水处理的根本出路是实现产业化。积极吸引国内外资本，采取独资、合资、合作等多种形式，参与城市污水处理厂建设；要求已建成的城市污水处理厂，可以采取出售、转让等方式，实行运营管理市场化；有条件的市试行城市供水、排水和污水处理一体化经营。

随着该市城市化和工业化的发展，城市污水排放量必将大大增加。为遏制城市水污染的蔓延趋势，保护城市供水水源，使水环境明显改善，要大力兴建污水处理厂，提高污水处理率。因此，我们一定把加强城市污水处理厂建设工作作为扩大内需，拉动地方经济发展的重大措施，千方百计把工程项目搞上去；切实解决运行中存在的问题，保证已建成项目能尽快正常运行，为丹东的经济发展做出更大的贡献。

8.4 温州市

8.4.1 概况

温州是浙江省三大经济区之一的中心城市之一和浙江省南部沿海的经济核心区。改革开放以来，经济发展十分强劲，经济增长速度居全国前列，处在加速工业化阶段。2013 年，温州全市生产总值为 4 003 亿元。

2012 年，温州市全市水资源总量为 179.92 亿 m^3，其中地表水资源量为 177.45 亿 m^3，地下水资源量为 2.47 亿 m^3。全市人均拥有水资源量 2 284 m^3，其中市区人均拥有水资源量为 988.5 m^3，泰顺县为 8 517 m^3，文成县为 5 458 m^3，永嘉县为 4 400 m^3，平阳县为 1 856 m^3，苍南县为 1 666 m^3，瑞安市为 1 632 m^3，乐清市为 1 386 m^3，洞头县为 558 m^3，除泰顺、文成、永嘉、平阳四个县以外，其余各县（市、区）人均拥有水资源量均在国际公认用水紧张红色警戒线以下。

2012 年，温州市全市总供水量为 18.078 3 亿 m^3，温州城市和县城用水总量为 28 480.31 万 m^3，其中城镇生活用水量为 17 198.65 万 m^3，城镇工业用水量为 11 281.66 万 m^3；温州市区年用水总量为 19 887.07 万 m^3，其中城镇生活用水量为 10 322.86 万 m^3，城镇工业用水量为 9 564.21 万 m^3。

8.4.2 污水处理设施

截至 2012 年末，温州市区污水排放总量为 15 478 万 m^3/a，拥有污水处理厂 3 座，污水排放管道总长为 1 340 km，污水处理能力达 30.0 万 m^3/d，污水处理总量为 7 778 万 m^3/a，污水处理率达 50.25%。

温州市区的 3 家污水处理厂分别为温州中环正源水务有限公司、温州东片污处理厂、温州经济技术开发区滨海园区第一污水处理站。温州中环正源水务有限公司为中外合资经营的外商控股公司，污水处理级别为二级，担负着鹿城区大部分生活污水和市经济技术开发区部分工业污水的处理任务，2012 年该厂污水处理能力达 20.0 万 m^3/d，污水经处理后直接排入瓯江。温州东片污处理厂为外资企业，属于国有控股，污水处理级别为二级，2012 年该厂污水处理能力达 5.0 万 m^3/d，污水经处理后直接排入瓯江。温州经济技术开发区滨海园区第一污水处理站为私营有限责任公司，污水处理级别为二级，2012 年该厂污水处理能力达 5.0 万 m^3/d，污水经处理后直接排入瓯江。目前温州市区的污水处理厂皆由温州市市政园林局负责监管。

8.4.3 污水处理回用存在的问题

目前，温州市区污水处理回用主要存在以下一些问题。

（1）城市已实施的污水工程系统性、整体性和一致性均较差，排污系统的功能和效益较低。目前缺乏一个全面的、科学的、系统的污水工程规划来指导污水工程建设和管理。

（2）管网普及率低。目前污水系统管网基本普及的片区集中在鹿城区中片、龙湾西片区等建成区，主要管线覆盖密度达 2.35 km/km²；城市西片、东片、南片大部分区域管网普及率普遍偏低，主要管线覆盖密度仅在 0.38~1.0 km/km²，鹿城特色园片区、仙岩、丽岙片区几乎没有污水管网。

（3）污水处理率低。目前城市现有污水处理设施极少，大部分污水没有及时处理直排内河或瓯江。

（4）排水体制混乱。多种排水体制并存，既有合流制排水系统，也有分流制排水系统，如旧城排水系统经过近几年的改造还有部分合流管网存在，大部分城镇排水系统基本上为合流制系统，雨污合流直排内河。此外，即使是分流制排水体制中也普遍存在合流的现象，其中区间污水系统的雨污合流现象是最严重的。最终导致污水流向无序，水量变化大，既污染内河也增加管网、厂站的运行负担。

（5）污水管网完好率低。污水管道新旧不一，不同年代建成的管道其建设标准和质量差别较大，特别是早期的污水管道破损、渗漏较严重，另外居住区和工业区区间污水管道破损和渗漏是最严重的。

（6）污水设施运行、管理差。管网、泵站运行管理不健全、不到位，大部分污水管道淤积严重，其中区间污水管网的淤积是最严重的，得不到及时清通，泵站运行多头管理，或开或停随意性较大。

（7）管理体制不顺，责任不到位。目前该市城市排污设施管理中，严重存在着管理不到位、体制不顺的问题。例如，市区 42 座排（污）水泵站，其中 17 座由温州市市政园林局管理，其余分布在鹿城区以外的经济开发区、农业示范区、龙湾区、瓯海区等。此外，与排污主管连接的支管，是一个严重的管理空当，没有谁为小区漫水、排水不畅去承担责任。

（8）存在部分区域排水（污）管道维修养护改造抢修经费短缺现象。

（9）目前温州市区污水经污水处理后直接排入瓯江，并未进行处理回用，间接造成水资源浪费。

8.5　安阳市

8.5.1　概况

安阳市是河南省的北大门，是重要的工业基地，已初步形成了冶金、电子、化工、电力、机械等工业体系，全市现有限额以上工业企业 466 家，大中型企业 64 家。2012 年全市用水总量 16.666 6 亿 m³，工业用水量 1.573 6 亿 m³，城镇生活用水 1.303 2 亿 m³，万元国内生产总值用水量 206.3 m³，全市人均用水量 303.5 m³。

安阳市水资源十分贫乏，人均当地水资源占有量为 322 m³，仅为全国的 1/7，亩均当地水资源占有量为 301 m³。目前，安阳市水资源的开发利用程度已达到 118%，其中地下水开发利用程度为 117%，远远超出世界公认的 40%警戒线。安阳市今后的社会经济发展和生态环境建设对水资源的新增需求，总体上不能再依靠扩大当地水资源的开发规模，而只能依靠污水处理回用和节水，以及产业结构调整或者跨流域调水来解决。

安阳市从 1959 年至 2012 年先后建成 5 个水厂，设计供水规模 42 万 m^3/d，其中 4 个水厂为地下水，设计供水规模 32 m^3/d，第五水厂为地表水厂，引岳城水库水，设计规模 10 万 m^3/d。城市供水管网总长度 408 km，城市居民用水普及率达到 93.85%。自备井用户 236 家，共 456 眼井。

城市污水处理及回用近几年发展迅速，按照国家加快城镇化进程建设和加快污水处理产业化的有关精神，城市加快了城市污水处理厂、污水管网、污水回用的建设步伐。

8.5.2 城市污水处理设施

安阳市城市污水处理设施主要包括污水处理厂、污水收集管网、雨水管网、泵站等。

8.5.2.1 污水处理厂基本情况

安阳市已建成污水处理厂 4 座，在建 1 座。除安钢污水处理厂外，其余 3 座及在建 1 座由安阳市水务集团负责管理。

1. 安阳市晁家村污水处理厂

安阳市晁家村污水处理厂始建于 1999 年，工程总投资 17 118 万元，占地 203.06 亩（其中：厂区占地 132.52 亩，进厂道占地 70.54 亩），位于晁家村，设计规模为日处理污水 12 万 t。处理后的出水水质执行国标（GB 8978—1996）的二级污水综合排放标准。自 2003 年 8 月 19 日投产以来，日处理污水量 6 万~7 万 t，污水经处理后排入茶店坡沟，当地农民灌溉使用。该厂由水务总公司建设并管理，采取 TOT 模式，转让给北京首创集团公司经营。

2. 安钢污水处理厂

安钢污水处理厂始建于 2002 年，于 2006 年 4 月建成。设计规模日处理污水 10 万 t/d，实际按 12 万 t/d 规模进行建设，已于 2006 年 9 月正式投入使用，目前日处理污水量为 5 万 t/d，污水经处理后除部分回用外其余排入洹河。

3. 安阳市聂村污水处理厂

安阳市聂村污水处理厂始建于 1978 年，为我国第一批十六个污水处理厂工程建设项目。设计能力为一级 5.5 万 t/d，二级处理 1.8 万 t/d。目前该污水处理量约 2 万 t/d。污水经处理后排入万金南干渠，当地农民灌溉使用。

4. 安阳市豆腐营污水处理厂

安阳市豆腐营污水处理厂建于 20 世纪 80 年代后期，主要为豆腐营周边工业企业服务，污水处理能力 1.2 万 t/d。目前，该厂周边工业企业多数倒闭，污水排放量较少，该厂日处理污水量约 0.7 万 t/d。污水经处理后排入洹河。

5. 安阳市宗村污水处理厂（在建）

安阳市宗村污水处理工程前期准备工作于 2003 年 11 月开始启动，按照安阳市发改委安计基〔2004〕25 号文件，主要是为改善该市水环境状况及解决安阳华祥电力有限责任公司二期 2×30MW 机组冷却用水而兴建。该项目设计规模日处理污水 10 万 t/d，总投资 25 507 万元，占地面积为 135 亩。

8.5.2.2　污水管网基本情况

目前安阳市已经铺设污水管线 156 km，已建污水中途提升泵站 3 座及 3 000 余座污水检查井，汇水面积 35 km²。另外，安阳市还有 230 km 雨污合流管网（其中专业雨水管网 155.1 km，合流管网 74.9 km），雨水井 8 900 余个，9 个雨水提升泵站，19 座闸门。老城区内有 6 个坑塘，其功能主要是接纳老城区的生活污水及雨水。

8.5.3　城市污水处理回用远期规划

安阳市的污水处理相关规划是《安阳市城市总体规划》的一部分，其内容如下：

（1）安阳市城市污水再生后用作工业用水、生活杂用水、景观河道用水、农业灌溉用水。

（2）远期规划以《安阳市城市总体规划》为依据，规划方案体现"优先开发污水资源、积极发展污水回用"的方针。

（3）中水水源：中水水源以规划的城市污水处理厂的处理达到一级 A。为保证水质，污水厂在收集污水时应以生活污水为主，工业废水水质经预处理后达到《污水综合排放标准》中的相应标准方可排放。

（4）中水水质：中水回用于多种用途，除农业灌溉用水为城市污水厂二级出水外，其余中水水质标准按最高要求达到一级 A，即工业用水中的冷却水水质标准考虑。

（5）回用系统：城市污水再生回用系统一般由污水收集、深度处理、中水输配、用户管道等部分组成，远期规划仅对深度处理、中水输配管道两部分进行规划。

8.5.4　城市污水处理回用存在的问题

（1）安阳市污水处理设施不完善，导致区域内污水处理率仅达到 35.06%。

（2）安阳市污水经处理后，大部分排入附近河道或沟渠，并没有进行深度处理，以满足不同行业用水需求。

（3）安阳市目前的污水处理管理模式不利于污水处理率的提高。污水处理厂只负责处理进厂污水，污水管道的建设情况由其他单位负责，这大大影响了污水处理率的提高。

8.5.5　城市污水处理回用工作建议

（1）提高对水资源紧缺形势的认识，加强中水回用的观念，建立对水资源进行统一管理的体制，对水资源的分配、供给、回用和保护等集中统一管理。建立一系列政策法规，强制性促进中水回用。

（2）对使用再生水的单位在价格上予以优惠，鼓励多使用再生水。加强宣传工作，使再生水利用得以落实和推广。

（3）污水处理的回用率应与污水处理单位的经济效益挂钩，以提高污水处理单位的处理积极性。

（4）尽快制定污水处理方面的相关法律法规，使污水和再生水的管理有法可依。

（5）目前安阳市的污水处理设施由建委统一管理，水利部门进行调查，收集资料存在一定难度，且调查内容不够翔实。如由水利部门协调建设部门进行调查，资料会更全面。

（6）积极开展中水回用的宣传教育工作，改变原有观念。节约用水和中水回用关系着千家万户，不但要得到各有关部门的支持，同时还要得到广大人民群众的认同。要改变群众对节约用水和中水再用的偏见，有必要进行长期广泛的宣传教育，使广大群众树立良好的节水习惯，逐渐树立对污水资源化的科学认识。

8.6 海南省

8.6.1 海口市概况

海口市位于海南省的北部，是海南省的省会，全市土地面积 2 304.8 km²，建成区面积 91.42 km²。全市总人口 220 万，用水总量 13 150.02 万 t，工业用水量 815.11 万 t，城镇生活用水量 12 145.30 万 t，万元国内生产总值用水量为 33.40 t。自来水厂 3 个，供水能力 77 万 m³/d；自备水源 175 个，供水能力 35 万 t/d。

8.6.2 三亚市概况

三亚市位于海南岛的最南端，东邻陵水，北依保亭，西毗乐东，南临南海。

地形呈北高南低之势，北部山高岭峻，峰峦连绵；南部平原沿海岸呈东西分布，全市山地占 33.4%，丘陵占 25.2%，台谷地占 18.1%，平原占 23.3%。全市共有大小山岭 200 多座，南北穿插，由北向南延伸。东北部有甘什岭-竹络岭，延伸至亚龙湾。西北部有梅岭——小熟窑，延伸至港田岭。延伸的山岭将藤桥至梅山一带沿海平原分割成东、中、西三个自然区。

三亚地区的地质情况复杂。本地区的低山丘陵岩石位于中、东部，标高 100~790 m。岩石类型以火成岩为主，在鹿回头至大茅洞有不同面积的沉积岩分布，地形变化大，坡度陡。羊栏尤发岭和光头岭一带为侵入岩、块状变质岩风化土。滨海平原沉积岩区可分三个亚区，崖城属于软基亚区，主要为双层或多层结构，上为全新统，淤泥中存有大量积土，淤泥质山区属花岗岩风化形成的沙壤土；西部、东南部丘陵地带多属壤土，土质肥沃；南部沿海地势平坦，土壤受河流冲积；海边形成粉沙壤土、沙壤土，肥力差。

三亚市水资源分布不均，局部缺水状况比较严重。全市降水分布明显不均，全年约80%的降水量集中在 6~10 月，东部地区雨水相对充沛，供水问题不大，西部地区则干旱少雨。全市多年平均降水量 1 462.4 mm，多年平均径流深704.5 mm，多年平均地表径流量 13.52 亿 m³，多年平均水资源总量为 13.67 亿 m³，平原地带地下水资源量 1.42 亿 m³。年水资源利用量为 2.05 亿 m³，其中地表水利用量为 1.62 亿 m³，地下水利用量为 0.42 亿 m^3，全市水资源利用率为 15.0%，利用率较低，开发潜力大。

用水总量 6 870.05 万 t，工业用水量 81.05 万 t，城镇生活用水量 6 789 万 t。自来水厂 2 个，供水能力 19.44 万 m^3/d。

8.6.3 城市污水处理设施

8.6.3.1 污水设施建设总体状况

根据调查结果，海南省有集中污水处理设施的仅 3 个城区。这 3 个城区中，目前投入运行使用污水处理厂 5 座，设计污水处理能力 41.6 万 m^3/d，配套污水管道 376.6 km。

全省正在建设的污水处理厂 28 座，新增污水处理能力 80.8 万 m^3/d。新增配套污水管道 669.56 km。污水处理厂情况见表 8-1、表 8-2。

表 8-1 投入运行使用的污水处理厂情况

序号	所属州市	名称	设计规模（万 m^3/d）	投入运行时间
1	海口市	白沙门污水处理厂	30.0	1999 年
2	海口市	桂林洋污水处理厂	5.0	2008 年
3	三亚市	红沙湾污水处理厂	8.0	2005 年
4	三亚市	亚龙湾污水处理厂	1.5	2006 年

表 8-2 在建污水处理厂情况

序号	所属州市	名称	设计规模（万 m^3/d）
1	海口市	白沙门二期污水处理厂	20.0
2	海口市	长流污水处理厂	15.0
3	三亚市	罗平县污水处理厂	5.0

8.6.3.2 各市县镇污水处理设施

1. 海口市

海口市作为省会城市，是全省政治、经济、文化的中心，又是沿岸海域污染最严重的地段之一，应为污水处理城市与地区的重中之重，必须优先进行配套建设。

海口市 1998 年建成白沙门污水处理厂，采用 AB 法前段处理，深海排放处置方法。服务面积为 96 km^2，服务人口 70 万，设计污水处理能力 40 万 m^3/d，已建成 30 万 m^3/d，现实际处理污水 22.5 万 m^3/d，仅为实际处理能力的 75%。

截至 2012 年底，建成管网 587.7 km，泵站 5 座。其中，污水管线 186.4 km，雨水管线 272.6 km，合流管线 101.4 km，明渠 27.3 km，污水提升泵站 3 座。

从运行的情况看，原设计的污水处理规模和选择的工艺是适度和适宜的，目前海口市存在的主要问题：一方面，污水处理厂处理量不能达到设计要求；另一方面，又有诸多污水未经处理直接外排。原因是污水管网体系尚未完善。如何完善管网，提高污水管网的收集率是解决问题的关键。

加快海口市污水专项规划的编制工作。目前，海口市总体规划已完成审批工作，组织专项性规划，以解决污水管网布设，协调现状管网与今后发展建设需要的矛盾，从经济技术方面比较污水处理厂及相关泵站等排水设施的设置，正确划分排水分区，详细进行污水的平面，竖向规划，从而促进污水管网及相关设施建设布局合理，排放有序，以保障整个污水系统合理、通畅。

加快海口市中心城区污水截流并网工作，使白沙门污水处理厂尽快达到设计处理能力，加大力度进行污水管网的建设，有效提高污水的收集率。

加强现有合流制管道及沟渠的清淤工作，有效防止污水由于管道的堵塞而直接溢流进入现有河道水体，并能有效提高城市的防洪能力。

2. 三亚市

三亚市现建有红沙污水处理厂 1 座，目前采用一级强化处理，深海排放处置方法，污水进水水质 BOD_5 为 111~114 mg/L，悬浮物 SS 为 179~214 mg/L，出水水质：BOD_5 为 80.5 mg/L、悬浮物 SS 为 58 mg/L。设计污水处理能力 32 万 m^3/d，已建成 8 万 m^3/d，现实际处理污水 3 万 m^3/d，污水处理负荷仅为设计能力的 37.5%。市区已建成污水管网 26 km、泵站 5 座、排海管道 3.7 km 等。

三亚市存在的主要问题为区污水管网敷设不完善。红沙污水处理厂处理负荷仅为设计能力的 37.5%。污水管网覆盖范围仅约 13 km^2，另有 7 km^2 范围尚未覆盖，需进一步完善。目前采用一级处理工艺，为满足日益严格的排放标注，需要进行深化处理的建设。亚龙湾、南山等观光组团的污水处理厂已处于满负荷运行，随着旅游开发力度的增大，需进行扩建。还有类似海波污水，目前仅为简单处理直接排海，对相应海域造成了一定的污染。

3. 儋州市

儋州市有 1 座污水处理厂，位于那大镇，日处理污水 1.5 万米^3。目前，建有的排水管道长度为 247 km，污水管道密度为 9.83 km/km^2，相对管道建设较为完善。

儋州市目前工业比较发达，水污染比较严重，且儋州市处于海南省西部，属较缺水地区。

虽然儋州市污水管网已初步形成，但还不能满足污水的整体收集功能，需进一步完善管网的配套建设，已建成的污水处理厂位置较符合实际，有利污水的重力输送。污水处理后排放的接纳水体为三类水体，符合环境保护的要求与规范。因此儋州市污水处理设施的重点是建设污水处理厂。

4. 琼海市

目前，琼海市排水系统很不完善，现有的排水管渠为合流制，没有城市污水处理厂，污水未经处理直接排入万泉河及双沟溪，对河流造成污染，影响了城市环境。随着城市建设的发展，污染情况将日趋严重。目前，建有的排水管道长度为 135.39 km，排水管道密度为 9.50 km/km^2。琼海市处于一个特殊的地理位置，守着万泉河，利用万泉河，又污染万泉河。同时万泉河的入海口又在琼海的博鳌镇。目前，博鳌作为亚洲论坛所在地，已成为全球名镇，对它的环境保护尤为重要。尽管博鳌已着手建设自身的污水处理设施，但如果琼海市污水得不到彻底治理，博鳌的环境保护将无法保障。

琼海市已经选定的污水处理厂位于城南富华路与滨河路相交处的南端，此厂址较合理。由于万泉河琼海段为三类水体，污水处理执行一级 A 的标准，应实行二级强化处理。

琼海官塘区离市区较远，但此地又是旅游度假胜地，应单独进行污水处理。

5. 东方市

东方市区排水为雨水、污水合流制。市区除东方大道（少部分路段为雨、污分流管道）和东海路建设有合流排水管道外，其他地区及路段均没有排水管道，市区大部分地区排水利用自然明沟排放。规划规定：新建城区采用雨、污水分流制，老城区采用雨、污水截流式合流排放制。目前东方市排水管道敷设长度 33.7 km，密度为 2.67 km/km²。

东方市位于海南省西部，既是海南省的工业城市，又是一个较缺水的城市。然而由于东方市的城市基础较差，基础设施较弱，城市污水管网不配套，再加又处于经济尚未发达的状态，污水处理设施建设的困难相对要大。可是，东方市又要作为全省的石油化工基地和工业支撑，必须优先考虑该市的基础设施建设，其中污水处理设施是当今的重点。

6. 洋浦开发区

虽然洋浦开发区目前还达不到中等城市以上的规模，但从洋浦开发区特殊的地位出发，应作为重点城区给予足够重视。洋浦开发区起步晚，是一个新型的城区，且基础建设起点高、标准高，已形成一定规模，在"十一五"期间有条件完善污水处理设施进度。因此，将其列为重点城市建设的范围。

洋浦目前的排水管道长度 80 km，已建成区的管网密度更高，基本配套。洋浦主要的任务是着手污水处理厂的建设。同时洋浦又是一个工业基地和缺水地区，再加经济条件又较好，工业用水量大，洋浦在污水处理设施建设的同时，应同前考虑中水回用。

7. 老城开发区

虽然老城工业开发区是澄迈县的开发区，但由于其毗邻海口市的特殊位置和资源优势，近几年来工业发展较快，是海南省工业产值增长的一个亮点，到目前为止，人口已达 5 万人，工业产值达 15.76 亿元，入住企业 207 户，而且招商引资仍呈现高速增长态势。用水量目前已达到 12 万 m³/d。预测"十一五"期间要增长到 20 万 m³/d，污水量预测达 16 万 m³/d。

老城开发区规划污水处理厂规模为 10 万 m³/d，处理程度为二级。场站及配套管网总投资额为 1.7 亿元。目前已完成项目可行性研究报告。

建议将老城开发区作为一个特殊地区，在污水处理设施安排中，应优先给予考虑。

8. 小城市及县城

海南省小城市及县城包括万宁市、文昌市、五指山市、昌江县、澄迈县、陵水县、定安县、屯昌县、临高县、乐东县、保宁县、琼中县、白沙县等市县。分析这些市县共同的现实情况是：城市基础设施建设较滞后，普遍没有建成污水管网的整体系统，更谈不上污水处理厂的建设。这些市县大多又处于经济不够发达、城市规模较小的状态，实现污水处理设施建设的困难较多。

根据这些市县存在的普遍问题，对于污水处理设施建设可做出相同的安排。总体上部署，进行大量的管网配套建设，使污水处理管网初步形成规模，还要完成污水处理厂建设和管网也进一步配套，完善整体系统，并实现正常运行。依据这样一个顺序，并坚持不懈地按计划进行。

这些市县均执行一级 A 标准，在处理工艺的选择上，要根据实际情况，把规模的大小、接纳水体标准、污水水质情况、污水处理后再生利用的条件等因素综合起来，选择适合自身条件的方案。

8.6.4　城市污水处理及回用相关规划与规划指标

随着海南省的经济增长，城镇化率提高较快，但城镇污水产生量也随之增加。由于污水排放集中、影响人口多、范围广，城镇水污染已成为影响和制约该省经济社会健康、快速、持续发展的重要因素。为了遏制水环境污染趋势，有效地改善水环境，全省各地加大了污水处理设施的建设力度，近年来编制了有关污水处理及回用的各类规划，逐步对集中排放的城镇污水进行治理和回用。

省级规划有《海南省城镇污水处理控制性规划（2005～2020）》等，是由建设厅组织编制。其他地区如三亚市、琼海市、儋州市等，也相继编制了地区性的规划。

8.6.5　城市污水处理回用地方性法规

发展中水是树立和落实科学发展观，发展循环经济，实现资源永续利用的一项重要措施。目前海南省有关城市污水处理回用的法规还不健全，仅海口市市陆续出台了《海南省城镇污水处理厂运行管理标准》《海南省城镇污水处理费征收使用管理办法》《海口市城市排水与污水处理管理办法》等地方性法规。

8.6.6　城市污水处理回用存在的问题

目前，该省在城镇污水处理设施建设和运营管理、污水回用方面主要存在以下几方面的问题：

（1）投资渠道单一，总量不足，污水处理设施建设滞后。该省各地城镇污水处理设施主要依赖各级财政专项资金和贷款进行建设，没有形成多元化的投资模式，投资主体单一，由于该省经济较为落后，大部分城市受财力限制，投入不足，致使城镇污水处理设施建设滞后。全省海口、三亚、万宁市除外，其他市、县尚无污水处理设施，因而仍有大量的城镇生活污水未经处理就直接排入江河湖库，加重了水环境污染。

（2）未建立合理的污水处理与再生水价格体系。与处理成本相比，全省已开征或计划开征污水处理费的城镇的收费标准普遍偏低，还有一些地方因亏损企业和部分居民拖欠水费及自备水源用户污水处理费管理体制不顺，污水处理费征收困难。由于未建立合理的价格机制，一方面致使建成投入运营的污水处理设施难以维持正常运转；另一方面也直接影响到通过引入市场机制，招商引资，拓宽融资渠道的实现。

（3）现有的污水处理厂运行率低。部分建成污水处理设施的城镇也因投入不足，配套管网不完善，致使污水收集率低，处理效果不佳。一些污水处理厂由于处理费用难以保障，污水处理厂运行不正常。

（4）再生水回用未形成规模。目前全省仅昆明市有集中式的再生水利用，并明确规定符合条件的建设项目必须建设中水回用设施，其他州市仅有少量简单的回用设施。

（5）污水处理产业化与市场化经验不足，运作过程有待规范，各级行政主管部门对于污水、垃圾处理市场秩序的监督和管理有待加强。

8.6.7　城市污水处理回用工作建议

再生水是稳定可靠、保证率高的水资源，再生水的综合利用，不仅可以缓解我国水资源紧缺的现状，还可以逐渐改善水环境污染的状况。

进一步研发再生水技术，拓展城市再生水利用的空间，恢复良好用水环境是建设小康社会、和谐社会的必然要求，是经济社会可持续发展的必然要求，是解决水资源短缺，控制水污染的必然要求，是建设循环经济的基础。再生水处理和应用是一项庞大的复杂的系统工程，也是长期的任务，需要制度、法律、行政、管理、教育、宣传、技术、财政等多方面的配合。针对当前该省水环境具体情况，今后应重点开展以下工作。

（1）完善污水处理、再生、应用相关的法律法规。再生水应用可能会给企业等带来直接利益，但更多的是其社会效益和环境效益，因此政府应该是城市再生水利用工作的主要承担者。政府应组建城市再生水利用的管理部门并通过必要的立法和行政手段贯彻实施再生水利用的一系列策略。

（2）开展相关教育工作，加强公众对城市再生水利用的认识。城市再生水利用的必须发动群众、依靠群众，单单依靠政府或企业是不能完成的。必须通过课本、电视、网络等多种媒体形式开展有针对性的宣传教育，让人们了解国内水环境劣化的现状和危害，增强对节约用水和再生水利用的认识，增加公众对再生水的了解，解除公众对再生水的心理障碍，取得社会对再生水利用的共识和支持。

（3）拓宽城市污水处理及再生利用项目建设的融资渠道，建立健全污水价格体系。建立由财政投入、市场补偿、有偿使用、合理计价的多层次、多元化的投资渠道，完善污水处理收费制度，解决污水处理厂运行难的问题。参考国内外的成熟运行经验，走企业化和市场化的道路。

（4）统筹规划，合理配置水资源。各地区应根据区域水资源现状，制订污水处理和回用规划。在今后制订的供水和节水等规划中，要明确再生水利用是城市水资源综合管理的重要组成部分，污水处理和再生水设施建设是供水能力建设的有机组合，同时加强对再生水利用设施规划、建设和管理。

（5）积极推广新技术、新工艺，开展再生水利用的关键技术研究。采用适宜的技术和工艺，推广使用符合标准的再生水。从传统的污水处理达标排放转移到污水深度处理的综合利用为核心的工作上来。城市再生水利用工程的实施最终依靠技术来完成，应尽快开展污水再生技术的研究工作。

8.7 云南省

8.7.1 昆明市概况

昆明市为云南省省会，地处云南省中部，是云南省政治、经济、文化、教育、交通、信息、旅游、金融中心，是我国面向南亚及东南亚的区域中心城市和枢纽。城市全年温度湿度适宜，鲜花常年不谢，草木四季常青，享有"春城"美誉，为世界上少有的全天候旅游城市。城区坐落在滇池盆地北部，三面环山，南濒滇池，中心区海拔约 1 890 m。城市发展充分发挥了交通四通八达、人才荟萃、水源基本可靠等优势，对外开展协作，采用国内先进技术，保持春城特色，以高精技术产业和现代化服务为重点，部分工业有计划向周围小城镇扩散。

8.7.2 城市污水处理设施

昆明市已投入运营的污水处理厂共 10 座，污水处理设计总规模为 64 万 m^3/d。其中，主城区建成污水处理厂 6 座，安宁市、呈贡县城、晋宁县城、宜良县城各 1 座；在建和已进行前期工作的有 10 座，分别为高新区污水处理厂，经开区污水处理厂，呈贡捞鱼河污水处理厂，呈贡洛龙河污水处理厂，石林县污水处理厂，昆明市第一、二、四、五、六污水处理厂。富民县、嵩明县、宜良县、寻甸县、禄劝县 5 个县城既无污水处理设施也未进行前期工作。

昆明市主城区 6 座污水集中处理厂分别为昆明市第一、二、三、四、五、六污水处理厂，均按照《城镇污水处理厂污染物排放标准》（GB 18918—2002）中的二级标准进行处理，总处理能力 55.5 万 m^3/d，由昆明滇池投资有限责任公司负责管理，主管部门为市国资委，污水经处理后少部分用于绿化，其余排入河道用于城市景观。

8.7.3 城市污水处理回用设施

昆明市现有集中再生水处理厂 3 个，分别设于昆明市第二、四、五污水处理厂内，由昆明滇池投资有限责任公司负责管理，主管部门为昆明市国资委。再生水厂按照《再生水水质标准》（SL 368—2006）一级标准进行处理，处理能力为 1.27 万 m^3/d。再生水主要用于城市绿化，三个再生水厂年回用水量 19 万 m^3，用于绿化、居民冲厕、消防及洗车的再生水价格（单位：元/m^3）分别为 1.00、1.50、3.00 及 3.00。

除再生水厂出水回用外，昆明市的六个污水处理厂每年产生的 20 252 万 m^3 处理水，有 20 139 万 m^3 排入河道用于城市景观。

8.7.4 城市再生水厂与再生水管道投资情况

为了解决水资源短缺问题，城市污水再生利用变得日益重要，城市污水再生利用与开发其他水源相比具有优势。首先，城市污水数量巨大、稳定、不受气候条件和其他自然条件的限制，并且可以再生利用。污水作为再生利用水源与污水的产生基本上可以同步发生，就是说只要城市有污水产生，就有可靠的再生水源；同时，污水处理厂就是再生水源地，与城市再生水用户距离近供水方便。污水的再生利用规模灵活，既可集中在城市边缘建设大型再生水厂，也可以在各个居民小区、公共建筑内建设小型再生水厂或一体化处理设备，其规模可大可小，因地制宜。

在技术方面，再生水在城市中的利用不存在任何技术问题，目前的污水处理技术可以将污水处理到人们所需要的水质标准。城市污水所含杂质少于0.1%，采用常规污水深度处理，例如滤料过滤、微滤、纳滤、反渗透等技术；经过预处理，滤料过滤处理系统出水可以满足生活杂用水，包括房屋冲厕、浇洒绿地、冲洗道路和一般工业冷却水等用水要求。微滤膜处理系统出水可满足景观水体用水要求；反渗透处理系统出水水质远远好于自来水水质标准。

国内外大量污水再生回用工程的成功实例，也说明了污水再生回用于工业、农业、市政杂用、河道补水、生活杂用、回灌地下水等，在技术上是完全可行的。为配合我国城市开展城市污水再生利用工作，建设部和国家标准化管理委员会编制了《城市污水处理厂工程质量验收规范》《污水再生利用工程设计规范》《建设中水设计规范》《城市污水水质》等污水再生利用系列标准，为有效利用城市污水资源和保障污水处理的质量安全提供了技术数据。

虽然污水的再生利用已十分必要，但云南由于经济发展速度相对较慢且水资源的供需矛盾还不是特别突出，所以云南省在再生水厂及再生水管道方面的投资相对较少。

昆明市的集中式再生水设施2012年由中央财政投资419.22万元，再生水管道由中央财政投资362.36万元，管道长共计15 km，由昆明滇池投资有限责任公司负责管理，主管部门为昆明市国资委。

8.7.5 城市居民小区、公共建筑污水回用情况

《昆明市城市节约用水管理条例》规定，建筑面积在2万 m^2 以上的宾馆、饭店、商场、综合性服务楼及高层住宅，建筑面积在3万 m^2 以上的机关、科研单位、学校和大型综合性文化体育设施，建筑面积在5万 m^2 以上的居住区或者其他建筑区等新、改、扩建项目，日可回收水量在45 m^3 以上，日再生水需水量在30 m^3 以上，建设单位应当同期建设相应规模的再生水利用设施。此项工作由昆明市计划供水节约用水办公室负责，其主管部门为昆明市市政公用局。据统计，由昆明市计划供水节约用水办公室负责的主要分布于居民小区内的分散式再生水利用设施共有162座，设计处理能力为4.99万 m^3/d，年回用水量共计749万 m^3；其中建筑面积在5万 m^2 及以上的小区共96个，年回用水量674万 m^3，回用水主要用于小区绿化。

8.7.6 城市污水处理回用规划

规划建设昆明市第七污水处理厂、东川区污水处理厂、高新区污水处理厂、经开区污水处理厂、呈贡捞鱼河污水处理厂、呈贡洛龙河污水处理厂、石林县污水处理厂，日规划处理能力分别为20.0万 m^3/d、2.0万 m^3/d、3.0万 m^3/d、5.0万 m^3/d、4.5万 m^3/d、6.0万 m^3/d、2.0万 m^3/d。

8.7.7 城市污水处理回用地方性法规

发展中水是树立和落实科学发展观、发展循环经济、实现资源永续利用的一项重要措施。目前云南省有关城市污水处理回用的法规还不健全，仅昆明市陆续出台了《昆明市节约用水管理条例》《昆明市城市中水设施建设管理办法》《昆明市创建国家节水型城市实施方案》等地方性法规。

8.7.7.1 《昆明市城市节约用水管理条例》

《昆明市城市节约用水管理条例》于 2005 年 12 月 16 日昆明市第十一届人民代表大会常务委员会第三十二次会议通过，2006 年 3 月 31 日云南省第十届人民代表大会常务委员会第二十一次会议批准。

管理条例第四十四条明确规定，已建、新建、改建、扩建的污水处理厂，应当按照城市节约用水专业规划建设相应的城市污水处理再生利用设施；第四十五条规定，园林、绿化、景观、洗车、环卫及建设施工用水，应当首选使用再生水。

8.7.7.2 《昆明市城市中水设施建设管理办法》

《昆明市城市中水设施建设管理办法》已经 2003 年 12 月 25 日市政府第 41 次常务会议讨论通过，自 2004 年 5 月 1 日起施行。

管理办法第二条明确规定，中水是指城市污水经处理净化后，达到国家《城市杂用水标准》或其他用途的相应回用水水质标准，可在一定范围内重复使用的非饮用水；中水设施是指中水的集水、净化处理、供水、计量、检测设备及其他附属设施；中水主要用于厕所冲洗、园林浇灌、道路清洗、车辆冲洗、基建施工、景观及设备冷却水、工业用水以及可以接受其水质标准的其他用水。

管理办法第三条明确规定，昆明市市政公用局是本城市中水工作的行政主管部门，负责城市中水设施的规划、建设和归口管理工作；昆明市计划供水节约用水办公室（简称市节水办）具体负责日常管理工作。

管理办法第四条明确规定，政府鼓励单位和个人以独资、合资、合作等方式建设中水设施和从事中水经营活动。单位和个人投资建设的设施，实行"谁投资、谁受益"的原则。

管理办法第五条明确规定，昆明市市政公用局会同市规划、环保、滇池鼓励等部门编制该市中水设施建设规划，作为城市节水发展规划的组成部分，经昆明市人民政府批准后组织实施。

管理办法第六条规定，新建、改建、扩建建筑面积在 2 万 m² 以上的宾馆、饭店、商场、综合性服务楼及高层住宅；建筑面积在 3 万 m² 以上的机关、科研单位、大专院校和大型综合性文化体育设施；建筑面积在 5 万 m² 以上或者可回收水量在 150 m³/d 以上的居住区或集中建筑区等项目时，建设单位应当同期建设中水设施，并与主体工程同时设计、同时施工、同时交付使用，其建设投资应纳入主体工程预、决算，并在第十条规定了由产权单位或物业管理单位负责中水设施日常管理及维护，不得擅自停止使用。

8.7.7.3 昆明市创建国家节水型城市实施方案

昆明市人民政府于 2008 年 9 月 9 日制定了《昆明市创建国家节水型城市实施方

案》。方案根据《节水型城市考核标准》，制定详细的考核指标，其中污水回用方面的指标如下：

（1）制订城市节水规划。尽快批复实施《昆明市城市（主城）节水专业规划》、《昆明市城市（呈贡新城）节水专业规划》。在2009年底以前编制完成《昆明市城市（空港经济区）节水和再生水利用专业规划》和《昆明市城市（主城）再生水利用专业规划》，正确处理好再生水利用设施建设集中与分散（大系统与小系统）的关系，合理规划建设集中式再生水处理厂，明确集中式再生水的供水覆盖范围或区域，集中式再生水供水覆盖范围或区域内不再建设分散式再生水利用设施，在覆盖区域外由各单位建设分散式再生水利用设施。

（2）城市再生水利用率≥20%。加快对已建成城市污水处理厂尾水的深度处理和消毒，达到国家再生水利用相应水质标准后，回用于城区河道的生态环境补充用水，并通过铺设供水管网回用于单位、居住小区等的绿化、景观、冲厕用水和市政绿化用水，符合条件但不具备使用集中式再生水的新建、改建、扩建工程项目和原已建成使用的工程项目应当同期配套或补建分散式再生水利用设施。

（3）城市污水处理率≥80%。加强对已建成城市污水处理厂和工业企业污水处理站以及在再生水利用设施运行情况的日常监督管理和环境监督管理，确保污水处理设施和再生水利用设施正常运行，通过新、改、扩建城市污水处理厂，努力提高城市污水处理率。

8.7.8　城市污水处理回用财政政策与定价机制

8.7.8.1　财政政策

《昆明市城市中水设施建设管理办法》中规定，中水的经营价格应当低于城市自来水价格，具体的价格标准由价格主管部门依法制定。《昆明市创建国家节水型城市实施方案》中要求重视节水投入。市级财政应在每年的预算中安排一定比例的资金，专项用于城市再生水利用等工程和措施的支出。

昆明市还出台了《昆明市城市再生水利用专项资金补助实施办法》，规定在市级财政设立城市再生水利用专项资金，用于补建再生水利用设施和处理利用再生水的资金补助，以及再生水水质的定期抽检、再生水利用设施日常运行及计量设施的监管，抄表计量等工作经费。

《云南省城镇污水处理及再生利用设施建设规划》中，要求各级财政要集中财力进一步加大对污水处理设施建设的资金投入。省直属有关部门、各州（市）要尽快将条件成熟的污水处理项目向国家进行申报，积极争取国家资金的支持；其次，要努力拓宽融资渠道，积极吸纳社会资本和境外资本投资建设和经营污水处理设施，加快推进污水处理产业化进程。建议污水厂建设项目采用BOT方式、管网建设部分采用BLT方式引进市场化投资和经营主体。

规划项目资金主要依靠两种方式筹集：

（1）各级政府投资和专项资金补助，包含中央预算内资金（中央以奖代补专项资金、中央预算内资金）、省级财政专项资金、各州（市）、县（市、区）专项资金等。

（2）采用市场化运作方式筹集（对于资金不足部分，建议污水厂项目采用 BOT 方式、管网部分采用 BLT 方式引进市场化投资和经营主体）。

8.7.8.2 定价机制

建立合理的价格机制是确保城市污水处理和再生利用项目在建成后正常运转，充分发挥社会、经济效益的前提。《云南省城镇污水处理及再生利用设施建设规划》中提出了建立和完善全省污水处理价格体系的措施。

（1）全省已建成、在建或已批复立项准备建设污水处理设施的县（市、区），均应在确保一定合理收益率的前提下制定和征收城市污水处理费。征收的城市污水处理费，不仅要补偿污水处理设施的运营成本，而且要有合理的投资回报，以鼓励和吸引各类所有制经济参与污水处理设施的投资和经营。

（2）根据《政府制定价格成本监审办法》的相关规定程序进行污水处理及回用合理定价。地、州、市所在地城市自来水价格和污水处理价格由地、州、市报省计委审批；县城自来水供水和污水处理价格授权地、州、市人民政府审批；县以下乡镇自来水供水和污水处理价格授权县级市人民政府审批。

（3）根据《节能减排综合性工作方案》，全面开征城市污水处理费并提高收费标准，价格标准按照《中华人民共和国价格法》《政府制定价格行为规则》《政府制定价格听证办法》的有关规定，通过各级发展和改革委员会组织召开城市污水处理价格听证会进行定价；中水回用水价根据相关规定及水功能用途进行定价。具体价格标准根据城市污水处理运行实际情况及地方政策合理定价。

据统计，目前云南省污水处理成本在 0.65~1.13 元/t，再生水成本则在 1~3 元/t，污水处理收费还难以收回污水处理的成本。

8.7.9 城市污水处理回用存在的问题

目前，该省在城镇污水处理设施建设和运营管理、污水回用方面主要存在以下几方面的问题：

（1）投资渠道单一，总量不足，污水处理设施建设滞后。该省各地城镇污水处理设施主要依赖各级财政专项资金和贷款进行建设，没有形成多元化的投资模式，投资主体单一，由于云南省经济较为落后，大部分城市受财力限制，投入不足，致使城镇污水处理设施建设滞后。全省超过 2/3 的县、市、区尚无污水处理设施，因而仍有大量的城镇生活污水未经处理就直接排入江河湖库，加重了水环境污染。

（2）未建立合理的污水处理与再生水价格体系。与处理成本相比，全省已开征或计划开征污水处理费的城镇的收费标准普遍偏低，还有一些地方因亏损企业和部分居民拖欠水费以及自备水源用户污水处理费管理体制不顺，污水处理费征收困难。由于未建立合理的价格机制，一方面致使建成投入运营的污水处理设施难以维持正常运转，另一方面也直接影响到通过引入市场机制，招商引资，拓宽融资渠道的实现。

（3）现有的污水处理厂运行率低。部分建成污水处理设施的城镇也因投入不足、配套管网不完善，致使污水收集率低，处理效果不佳。一些污水处理厂由于处理费用难以保障，污水处理厂运行不正常。

（4）再生水回用未形成规模。目前全省仅昆明市有集中式的再生水利用，并明确规定符合条件的建设项目必须建设中水回用设施，其他州市仅有少量简单的回用设施。

（5）污水处理产业化与市场化经验不足，运作过程有待规范，各级行政主管部门对于污水、垃圾处理市场秩序的监督和管理有待加强。

8.7.10　城市污水处理回用工作建议

再生水是稳定可靠、保证率高的水资源，再生水的综合利用，不仅可以缓解我国水资源紧缺的现状，还可以逐渐改善水环境污染的状况。

进一步研发再生水技术，拓展城市再生水利用的空间，恢复良好用水环境，是建设小康社会、和谐社会的必然要求，是经济社会可持续发展的必然要求，是解决水资源短缺、控制水污染的必然要求，是建设循环经济的基础。再生水处理和应用是一项庞大的复杂的系统工程，也是长期的任务，需要制度、法律、行政、管理、教育、宣传、技术、财政等多方面的配合。针对当前云南省水环境具体情况，今后应重点开展以下工作：

（1）完善污水处理、再生、应用的相关法律法规。再生水应用可能会给企业等带来直接利益，但更多的是其社会效益和环境效益，因此政府应该是城市再生水利用工作的主要承担者。政府应组建城市再生水利用的管理部门并通过必要的立法和行政手段贯彻实施再生水利用的一系列策略。

（2）开展相关教育工作，加强公众对城市再生水利用的认识。城市再生水利用的必须发动群众、依靠群众，单单依靠政府或企业是不能完成的。必须通过图书、电视、网络等多种媒体形式开展有针对性的宣传教育，让人们了解国内水环境劣化的现状和危害，增强对节约用水和再生水利用的认识，增加公众对再生水的了解，解除公众对再生水的心理障碍，取得社会对再生水利用的共识和支持。

（3）拓宽城市污水处理及再生利用项目建设的融资渠道，建立健全污水价格体系。建立由财政投入、市场补偿、有偿使用、合理计价的多层次、多元化的投资渠道，完善污水处理收费制度，解决污水处理厂运行难的问题，参考国内外的成熟运行经验，走企业化和市场化的道路。

（4）统筹规划，合理配置水资源。各地区应根据区域水资源现状，制订污水处理和回用规划。在今后制订的供水和节水等规划中，要明确再生水利用是城市水资源综合管理的重要组成部分，污水处理和再生水设施建设是供水能力建设的有机组合，同时加强对再生水利用设施规划、建设和管理。

（5）积极推广新技术、新工艺，开展再生水利用的关键技术研究。采用适宜的技术和工艺，推广使用符合标准的再生水，从传统的污水处理达标排放，转移到污水深度处理的以综合利用为核心的工作上来。城市再生水利用工程的实施最终依靠技术来完成，应尽快开展污水再生技术的研究工作。

8.8 乌鲁木齐市

8.8.1 概况

乌鲁木齐市多年平均水资源总量为 13.37 亿 m³，其中地表水资源量为 11.40 亿 m³，地下水资源量为5.72 亿 m³，地表、地下水资源重复计算量为 3.75 亿 m³。根据《乌鲁木齐市水资源综合规划》可知乌鲁木齐市地表水可利用量为 6.02 亿 m³，地下水可利用量为2.21 亿 m³，水资源可利用总量为 8.23 亿 m³，人均水资源量不足 500 m³，只有全国人均水资源量 2 200 m³ 的 1/4，全疆人均水资源量 4 200 m³ 的 1/8，属资源性缺水城市。

2007 年乌鲁木齐市供用水量为 9.17 亿 m³。其中，地表水源供水量为 4.46 亿 m³，地下水源供水量为 4.26 亿 m³，中水回用量 0.45 亿 m³；农业用水为 5.90 亿 m³，占 64%；工业用水为 1.12 亿 m³，占 12%；生活用水为 2.15 亿 m³，占 24%。2007 年乌鲁木齐市人均用水量为 397 m³（未计流动人口），万元国内生产总值（当年价）用水量为 111 m³，农田平均亩用水量为 677 m³（未计农十二师），万元工业偏多值（当年价）用水量为 37 m³，城镇人均用水量为 312 L/d（含建筑、服务、绿化等公共用水），农村人均生活用水量为 61 L/d（含农村环境），牲畜每头（只）用水量为 15 L/d。

截至目前，城市有自来水厂 11 座（不包括已关闭、未利用水厂），其中公共供水水厂 7 座，企业水厂 4 座，设计供水能力约为 110 万 m³/d，企业自备（井）水源 138 个，供水能力约为 6 万 m³/d。

8.8.2 城市污水处理设施

目前乌鲁木齐市已建成全年运行的污水处理厂 3 座：河东、七道湾、头屯河污水处理厂；总设计规模为 36.5 万 m³/d；年城市废污水排放量约为 1.8 亿 m³，其中进入污水处理厂处理量约为 0.9 亿 m³，处理率 50%，占设计能力 69%，回用量 0.4 亿 m³ 左右。

1. 河东污水处理厂

乌鲁木齐市河东污水处理厂位于乌鲁木齐市北郊东戈壁路 20 号，占地 60 ha，工程总投资 31 000 万元，污水处理能力为每天 20 万 t，是乌鲁木齐市第一座设施先进并具规模的污水处理厂，也是乌鲁木齐市城市基础设施建设第一个利用外资的现代化工程，曾被列为国家及自治区重点工程项目。处理后的污水灌溉季节用于下游农田灌溉，其余时间自然排放之下游，处理后的污泥目前用作农肥。

2. 七道湾污水处理厂

七道湾污水处理厂于 2003 年建成投产，位于乌鲁木齐市红光山下处理厂。近期设计规模：夏季绿化用水期间 4 万 m³/d，冬季非绿化用水期间 7 万 m³/d；远期设计规模 10 万 m³/d（预留场地）。处理后的水部分用于农田灌溉，其余排入水磨河，脱水后的污泥用作林业。污水处理厂占地总面积 11.11 ha。工程总投资为 12 281.81 万元。污水设计出水标准为达到《污水综合排放标准》（GB 8978—1996）中的二级排放标准。目前运行率约为 30%。

3. 头屯河区污水处理厂

头屯河污水处理厂于 2003 年 6 月建成投产，位于乌鲁木齐市头屯河区北站。工程分两期建设，一期设计规模 15 000 m³/d，二期达到 30 000 m³/d。处理后的污水就近排入沙河子冲沟。另西站建有 2 000 m³/d 污水处理站，已建成投产。工程总投资为 1 896.38 万元。污水设计出水标准为达到《污水综合排放标准》（GB 8978—1996）中的一级排放标准。目前运行率约为 70%

4. 雅玛里克山污水处理厂

雅玛里克山污水处理厂于 2002 年 12 月建成通水 "雅玛里克山绿化引水及污水处理工程" 主要是为了绿化乌鲁木齐雅山 10 km² 的荒山提供灌溉用水，设计规模 5 万 m³/d。绿化灌溉用水水源为城市污水，城市污水经污水处理厂处理后水质符合农田灌溉水质标准。工程总投资 8 158.66 万元。污水处理厂占地总面积 59.6 亩，污水处理厂地面标高 976 m。

5. 虹桥污水处理厂

虹桥污水处理厂厂址位于乌鲁木齐东山公墓西南角，总占地 3.9 公顷，设计规模 3 万 m³/d，处理后的污水水质达到农田灌溉水质标准，用于荒山绿化，冬季停运，污水不进厂，往下游排入七道湾污水处理厂进行处理。脱水后的污泥用作林业，污水处理厂占地总面积 3.94 ha。工程总投资为 6 104 万元。污水设计出水标准为达到《农田灌溉水质标准》（GB 5084—2005）。设计为半年运行，运行率约为 50%。

8.8.3　城市污水处理回用（再生水）设施

乌鲁木齐市污水处理回用（再生水）设施建设启动较晚，目前主要有以下几个。

（1）河东污水厂中水深度处理工程，工程投资 4.25 亿元，包括规模为 10 万 m³/d 中水深度处理厂 1 座，长 20 km、输水能力 32 万 m³/d 输水管线 1 条。经深度处理后的中水，可广泛用于输水管道沿线及下游，为头屯河工业园、乌鲁木齐米东化工工业园区、甘泉堡工业园区提供工业循环用水、生活杂用、绿化和景观用水。

（2）新疆华电乌鲁木齐热电厂（2×300MW）热电联产工程中水回用项目，利用河东污水处理厂处理后中水为水源，近期取水规模 4 万 m³/d，年需水量 1 200 万 m³，包括取水泵站 1 座，长 10.7 km 输水管道 1 条，再生水处理厂 1 座，工程投资 1.6 亿元。

（3）乌鲁木齐市水务集团中水深度处理工程，对七道湾污水处理厂水进行深度处理后用于神华煤矸石电厂（2×300MW）热电联产工程（年需中水量 390 万 m³），中泰化工聚氯乙烯配套离子膜烧碱项目（日需中水约为 2 万 m³）用水。建设规模 5 万 m³/d 中水深度处理厂，包括取水泵站、输水管道、再生水处理厂 1 座，工程投资 1.19 亿元。

（4）高新区北区中水利用项目，对河东污水厂水进行深度处理后用于区域内绿化和景观用水，规模 1 万 m³/d，投资 3 000 万元，包括取水泵站、20 km 输水管线、再生处理设施等。

8.8.4 城市居民小区、公共建筑污水处理回用情况

按照《乌鲁木齐市城市中水设施建设管理办法》《乌鲁木齐市城市节约用水管理条例实施细则》规定，凡建设项目面积达到规定要求的，必须配套设计、建设中水系统。2002年1月1日起施行的《乌鲁木齐市城市节约用水管理条例》及2006年4月20日起施行的《乌鲁木齐市城市节约用水管理条例实施细则》明确规定了下列新建、扩建、改建工程，应配套建设节约用水设施：建筑面积2万 m^2 以上的宾馆、饭店、商店、公寓、综合性服务楼及高层住宅；建筑面积3万 m^2 以上的机关、科研单位、大专院校和大型综合性文化、体育设施；日排水量达到规定标准的住宅小区。

2006、2007年由政府补贴建设中水回用设施7座，日处理能力1万 m^3，现已经投入运营。

（1）新疆工业高等专科学校，规模600 m^3/d，工程投资135.41万元，采用化粪调节池、絮凝沉降、曝气分离、生物接触氧化、加压过滤五套串联处理设施，及"砂滤+活性炭吸附+加压过滤系统+二氧化氯消毒"工艺，处理后的中水用于绿化、学生公寓冲厕和洗车、喷洒马路等。

（2）吐哈石油大厦，规模500 m^3/d，工程投资111.32万元，采用新型高效低耗易于维护的气升循环分体式生物反应器（SLMBR）污水处理技术，处理后中水300 m^3/d 用于绿化，200 m^3/d 用于冲厕、洗车和水景观用水。

（3）新疆大学，规模2 000 m^3/d，工程投资343.97万元，采用"厌氧反应+二级生物接触氧化+混凝沉淀+活性炭吸附+一级精密过滤+二级精密过滤+二氧化氯消毒处理"工艺，处理后的中水用于学生公寓冲厕和校园绿化。

（4）华美-怡和山庄居民小区，规模500 m^3/d，工程投资124.01万元，采用ABS-1高效生物反应技术。处理后的中水用于绿化、洗车、喷洒马路等。

（5）新疆有色黄金建设公司小区，规模400 m^3/d，工程投资118.86万元，采用ABS-1高效生物反应技术，处理后的中水用于冲厕和小区绿化。

（6）头屯河区中水回用自动化灌溉项目，规模3 500 m^3/d，工程投资174.42万元，引头区污水处理厂处理后的中水用于头区工业园及八钢公路两侧绿化灌溉。

（7）水磨沟风景区中水绿化管线改造项目，规模2 500 m^3/d，工程投资81.56万元，引虹桥污水处理厂处理后的中水用于清泉山绿化。

8.8.5 城市污水处理回用财政政策与定价机制

为加大污水处理回用力度，乌鲁木齐市搭建城市排水污水处理投融资平台，吸引国内外投资者参与城市排水及污水处理基础设施建设。主要有以下几种方式：

一是政府全额投资，如雅山、虹桥等污水厂以城市绿化为目标的纯公益性项目由政府全额投资建设。

二是引进外资，河东污水处理厂采用BOT形式与法国威立雅水务签订合作协议，二期扩建工程由威立雅水务投资建设。

三是政府引导、企业配套投资，如吐哈石油大厦等中水回用示范工程设施的建设，

由政府投入引导资金 50%，建设单位自筹 50%。

四是企业投资，如新疆华电乌鲁木齐热电厂中水回用工程由企业投资，政府为鼓励工业企业多用中水，从项目审批、中水运营权的批复以及中水的价格等各方面均给予了积极支持，提高企业利用中水的积极性。

有关污水处理回用的财政补贴、税收减免等财政政策，再生水定价机制、价格标准等，相关部门正在调研之中。

8.8.6　城市污水处理回用存在的问题

从乌鲁木齐市目前污水处理现状情况看，主要存在以下问题。

（1）污水处理规模小，中水回用率低。现有污水处理厂规模不能满足城市污水处理的需求。该市 5 座污水处理厂处理的水量占排水总量的 50% 左右，未经处理的城市污废水排入河道、湖泊或就地入渗，造成地表水、地下水或土壤污染，恶化了水体环境。由于中水回用设施不完善，回用量占处理量的 40% 左右，中水未能充分发挥资源效益。

（2）水价偏低。该市中水价格未达到补偿成本标准，难以发挥水资源的商品价值。农业、绿化中水价 0.1 元/m³，工业 0.4 元/m³，不利于社会资本进入污水处理领域参与建设和经营，中水未能充分发挥资源效益。

（3）排水体制混乱，雨水排除困难。因雨水系统不明确，已建成的雨水管道无雨水出路，许多又排入城市污水管道。部分合流制管道管经较小，在雨季大量的雨水进入后，管道不堪重负。

（4）大部分工业废水未经处理（或处理不达标）直接排入城管网。河东、河西两大排水系统城市污水主要污染物质为有机物，化学需氧量、生化需氧量均超出了国家的规定值，这反映出有大量的工业废水未经处理达标直接排入了城市下水道。河西系统的水质有机污染浓度高于河东系统。因为进厂水质污染物浓度较高，导致河东污水厂基本在超负荷的状态系工作，增加了处理成本，加大了管理难度。

（5）部分城市管网设置不合理，设备没有满负荷运行。河东、河西、水磨沟三大排水系统污水管网主干管、干管基本形成，但还有许多城市污水不能接入污水管网导致个别污水处理厂运行负荷率低，甚至难以运行。城区集污及处理工程设计处理能力 36.5 万 m³/d，但目前平均集污处理量为 25 万 m³/d，没有实现满负荷运行，存在"大马拉小车"现象。

8.8.7　城市污水处理回用工作建议

城市污水处理回用工作建议主要有以下内容。

（1）加大中央财政支持的力度。

乌鲁木齐地处西部，由于多种原因，经济发展与内地有很大的差距，在城市基础设施的建设上还比较滞后，仅仅依靠地方财政困难较大，建议借西部大开发的有利时机，给予大力的财政支持，为外部资本进入创造良好的投资环境。

（2）加强政府监管力度，严格规范投资、建设、运营等企业行为，保证又快又好推进落实。

污水处理行业具有投资规模大、投资时间长、投资收益率低、投资收益稳定的特点，具有市场风险较小的优势。但是，就目前市场存在的 BOT、BOO、TOO、合资等形式，投资企业和政府都存在担忧和自身的欠缺的担忧和欠缺，因此，政府要严格合同管理，采取有效监管，规范企业行为，减少政府和投资者的风险。

8.9　再生水利用的社会经济效益

实现污水资源化和再生利用，是一种立足本地水资源的切实可行的有效措施，且具有十分可观的社会、环境和经济效益。再生水即处理后的污水，再生回用已成为全球解决水资源紧缺问题的途径之一。许多工程实践证明，再生水已被再利用于农业、工业、城市浇洒道路、绿地以及城市景观用水等领域，既节约了宝贵的新鲜水资源，又缓和了工业和农业争水以及用水之间的矛盾，达到"优质水优用，劣质水劣用"的原则，因此许多国家和地区把再生水作为水资源的一个重要的组成部分。

再生水利用专项规划的实施建设，是一项社会公益性工程，也是综合治理渤海流域水污染，实现海水水质变清目标的重要举措。将污水处理后经深度处理直接回用于工业和城市基础设施用水，使得城市污水处理产生直接的经济效益，既减少了污染排放，又节约了有限的水资源，达到了国家要求的节能减排的目的。

城市污水采取分区集中回收处理后再用，与开发其他水资源相比，在经济上有如下优势：

（1）比远距离引水便宜。城市污水资源化就是将污水进行二级处理后，再经深度处理作为再生资源回用到适宜的位置。基建投资远比远距离引水经济，据资料显示，将城市污水进行深度处理到可以回用作杂用水的程度，基建投资相当于从 30 km 外引水，若处理到回用作高要求的工艺用水，其投资相当于从 40~60 km 外引水。因此许多国家都将城市再生水利用作为解决缺水问题的选择方案之一，也是节水的途径之一，从经济方面分析来看是很有价值的。在美国，有 300 余座城市实现了污水处理再利用，污水回用率达 72%；我国目前也已建成北京市首都机场、中国国际贸易中心、保定市鲁岗污水处理厂等几十项中水工程。实践证明，污水处理技术的推广应用势在必行，再生水利用作为城市第二水源也是必然的发展趋势。

（2）在一定情况下，比海水淡化经济。城市污水中所含的杂质小于 0.1%，而且可用深度处理方法加以去除，而海水中含有 3.5% 的溶解盐和大量有机物，其杂质含量为污水二级处理出水的 35 倍以上，需要采用复杂的预处理和反渗透或闪蒸等昂贵的处理技术，因此从基建费或单位成本来看，海水淡化高于再生水利用。国际上海水淡化的产水成本大多在每吨 1.1~2.5 美元，与其消费水价相当；中国的海水淡化成本已降至每吨 5 元左右，如建造大型设施更可能降至每吨 3.7 元左右。即便如此，价格也远远高于再生水每吨不足 1 元的回用价格。

（3）再生水供水系统运行费用较低。再生水厂与污水处理厂相结合，省去了许多相关的附属建筑物，如变配电系统、机修车间、化验室等，与此同时，再生水厂的反冲洗系统和污泥处理也可并入二级处理厂的系统之内，从而大大降低了日常运行费用。再生水与污水处理厂合作办公，节约许多管理人员，减轻了经济负担，提高了人力资源的有效利用率。城市污水是城市稳定的淡水资源，污水再生利用减少了城市对自然水的需求量，削减了对水环境的污染负荷，减弱了对水自然循环的干扰，是维持健康水循环不可缺少的措施。在缺水地区和干旱年份再生水的应用更是雪中送炭，是解决水荒的有力可行之策。该工程的实施对城市环境的改善，地面水、地下水环境质量的提高，以及防洪排涝所带来的减灾效益是无法统计和估量的。

再生水利用工程规划实施建成后，会产生巨大的社会效益，主要体现在以下几个方面：一是工程建成后，改善了该地区内水环境，其投资环境得到了根本改善，这对引进外资、维持当地经济可持续发展起到重要的作用；二是环境的改善，还将推动当地旅游业的发展，不仅带来经济的繁荣和发展，同时也将带动整个城市的第三产业的发展；三是改善城市居民的生存环境，减少了因环境污染引发的不安定因素，增强了当地居民的身体健康，改善了居民的正常生活，提高了居民的生活水平。制定合理的价格体系，体现优水优价。理顺供水价格体系有利于规范和引导居民和企事业单位的用水行为，提高水资源的利用率和效率，增强人们的节水意识。逐步提高源水和自来水的价格，适当拉大自来水与再生水之间的价格差，使得自来水和再生水的价格比趋于合理，再生水的使用将会有较明显的经济效益，真正做到优水优用，提高水资源的利用效率。

由上述可知，再生水利用工程规划的实施建设所带来的经济效益、社会效益和环境效益是十分明显的，其对区域经济的发展和环境的改善均起到了积极的推动作用。在长远的经济效益和社会效益方面，再生水回用于城市，既节省了宝贵的水资源，又使污水处理厂增加了收入，从而更加保证了污水处理厂正常运行，既有经济效益，又有巨大的社会效益。

参考文献

[1] 周振民. 城市水务学 [M]. 北京：中国科学技术出版社，2013.

[2] 王绍文. 冶金工业废水处理技术及工程实例 [M]. 北京：化学工业出版社，2009.

[3] 孙培德，郭茂新，楼菊青，等. 废水生物处理理论及新技术 [M]. 北京：中国农业科学技术出版社，2009.

[4] 刘茉娥，蔡邦肖，陈益棠. 膜技术在污水治理及回用中的应用 [M]. 北京：化学工业出版社，2005.

[5] 张林生. 水的深度处理与回用技术 [M]. 2版. 北京：化学工业出版社，2009.

[6] 聂凤明. 生物活性炭技术在水处理中的应用现状与展望 [J]. 南方冶金学院学报，2005，26（4）：40－43.

[7] 中华人民共和国水利部. 2010年全国水利发展统计公报 [M]. 北京：中国水利水电出版社，2010.

[8] 周振民. 污水资源化与污水灌溉技术研究 [M]. 郑州：黄河水利出版社，2006.

[9] 张展羽. 水土资源规划与管理 [M]. 北京：中国水利水电出版社，2006.

[10] 林洪孝. 城市水务系统与管理 [M]. 北京：中国水利水电出版社，2007.

[11] 陈锁忠. 水资源管理信息系统 [M]. 北京：科学出版社，2006.

[12] 何晓科. 城市水资源规划与管理 [M]. 郑州：黄河水利出版社，2008.

[13] 万俊. 水资源开发利用 [M]. 2版. 武汉：武汉大学出版社，2008.

[14] 张凯. 水资源循环经济理论与技术 [M]. 北京：科学出版社，2007.

[15] 孙鸿烈. 长江上游地区生态与环境问题 [M]. 北京：中国环境科学出版社，2008.

[16] 王前军. 国际环境合作问题分析 [M]. 北京：中国环境科学出版社，2007.

[17] 沈满洪. 资源节约型社会的经济学分析 [M]. 北京：中国环境科学出版社，2010.

[18] 王殿武. 现代水文水资源研究 [M]. 北京：中国水利水电出版社，2008.

[19] 云桂春. 人工地下水回灌：水资源管理的新战略 [M]. 北京：中国建筑工业出版社，2004.

[20] 丁忠浩. 废水资源化综合利用技术 [M]. 北京：国防工业出版社，2007.

[21] 水利部水资源司. 21世纪初期中国地下水资源开发利用 [M]. 北京：中国水利水电出版社，2004.

［22］ 尚松浩．水资源系统分析方法及应用［M］．北京：清华大学出版社，2006.

［23］ 王珊，萨师煊．数据库系统概论［M］．北京：高等教育出版社，2007.

［24］ 刘卫国，严晖．数据库技术与应用——SQL Server［M］．北京：清华大学出版社，2007.

［25］ 郑海春，谢维成．Visual Basic 编程及实例分析教程［M］．北京：清华大学出版社，2007.

［26］ 张朝坤，施丽娜．Visual Basic 数据库开发基础与应用［M］．北京：人民邮电出版社，2005.

［27］ 刘彬彬，安剑，于平．Visual Basic 项目开发实例自学手册［M］．北京：人民邮电出版社，2008.

［28］ 李湘楠，郑加利．深圳市横岗污水处理厂的设计［J］．机械给排水，2005（1）：5-7.